日本农山渔村文化协会宝典系列

柑橘栽培

管理手册

[日]岸野 功 著
于蓉蓉 译
（中国人民大学书报资料中心）

机械工业出版社
CHINA MACHINE PRESS

柑橘栽培，已由过去的追求高产转变为追求品质，疏果、整枝、修剪、施肥等技术也发生了相应的改变。本书以培育优质柑橘为出发点，围绕日本柑橘栽培过程中从收获后到发芽、从发芽到开花结果、果实膨大期、从收获到贮藏、改植和更新、主要病虫害防治6个重要阶段来展开，内容系统、翔实，图文结合，通俗易懂。本书介绍的日本柑橘栽培技术，对于我国广大柑橘种植专业户、基层农业技术推广人员都有非常好的参考价值，也可供农林院校师生阅读参考。

北京市版权局著作权合同登记　图字：01-2020-5846 号。

图书在版编目（CIP）数据

柑橘栽培管理手册 /（日）岸野功著；于蓉蓉译. —北京：机械工业出版社，2023.10

（日本农山渔村文化协会宝典系列）

ISBN 978-7-111-73627-1

Ⅰ.①柑⋯　Ⅱ.①岸⋯　②于⋯　Ⅲ.①柑桔类果树 – 果树园艺　Ⅳ.①S666

中国国家版本馆CIP数据核字（2023）第146547号

机械工业出版社（北京市百万庄大街22号　邮政编码100037）
策划编辑：高　伟　周晓伟　责任编辑：高　伟　周晓伟　刘　源
责任校对：樊钟英　李　杉　责任印制：单爱军
保定市中画美凯印刷有限公司印刷
2024年1月第1版第1次印刷
169mm × 230mm・8.75印张・165千字
标准书号：ISBN 978-7-111-73627-1
定价：49.80元

电话服务　　　　　　　　　　网络服务
客服电话：010-88361066　　机 工 官 网：www.cmpbook.com
　　　　　010-88379833　　机 工 官 博：weibo. com/cmp1952
　　　　　010-68326294　　金 书 网：www. golden-book. com
封底无防伪标均为盗版　　　机工教育服务网：www.cmpedu. com

序

　　果蔬业属于劳动密集型产业，在我国是仅次于粮食产业的第二大农业支柱产业，已形成了很多具有地方特色的果蔬优势产区。果蔬业的发展对实现农民增收、农业增效、促进农村经济与社会的可持续发展裨益良多，呈现出产业化经营水平日趋提高的态势。随着国民生活水平的不断提高，对果蔬产品的需求量日益增长，对其质量和安全性的要求也越来越高，这对果蔬的生产、加工及管理也提出了更高的要求。

　　我国农业发展处于转型时期，面临着产业结构调整与升级、农民增收、生态环境治理，以及产品质量、安全性和市场竞争力亟须提高的严峻挑战，要实现果蔬生产的绿色、优质、高效，减少农药、化肥用量，保障产品食用安全和生产环境的健康，离不开科技的支撑。日本从 20 世纪 60 年代开始逐步推进果蔬产品的标准化生产，其设施园艺和地膜覆盖栽培技术、工厂化育苗和机器人嫁接技术、机械化生产等都一度处于世界先进或者领先水平，注重研究开发各种先进实用的技术和设备，力求使果蔬生产过程精准化、省工省力、易操作。这些丰富的经验，都值得我们学习和借鉴。

　　日本农业书籍出版协会中最大的出版社——农山渔村文化协会（简称农文协）自1940 年建社开始，其出版活动一直是以农业为中心，以围绕农民的生产、生活、文化和教育活动为出版宗旨，以服务农民的农业生产活动和经营活动为目标，向农民提供技术信息。经过 80 多年的发展，农文协已出版 4000 多种图书，其中的果蔬栽培手册（原名：作業便利帳）系列自出版就深受农民的喜爱，并随产业的发展和农民的需求进行不断修订。

　　根据目前我国果蔬产业的生产现状和种植结构需求，机械工业出版社与农文协展开合作，组织多家农业科研院所中理论和实践经验丰富，并且精通日语的教师及科研人员，翻译了本套"日本农山渔村文化协会宝典系列"，包含葡萄、猕猴桃、苹果、梨、西瓜、草莓、番茄等品种，以优质、高效种植为基本点，介绍了果蔬栽培管理技术、果树繁育及整形修剪技术等，内容全面，实用性、可操作性、指导性强，以供广大果蔬生产者和基层农技推广人员参考。

需要注意的是，我国与日本在自然环境和社会经济发展方面存在的差异，造就了园艺作物生产条件及市场条件的不同，不可盲目跟风，应因地制宜进行学习参考及应用。

希望本套丛书能为提高果蔬的整体质量和效益，增强果蔬产品的竞争力，促进农村经济繁荣发展和农民收入持续增加提供新助力，同时也恳请读者对书中的不当和错误之处提出宝贵意见，以便修正。

前　言

　　1955—1964年，我开始从事与柑橘相关的实验研究工作，那是一个比起果实品质更追求产量的时代，柑橘栽培面积空前盛大。之后30年，柑橘栽培面积逐渐缩小，栽培技术也从追求高产逐渐向提高品质的方向发展。

　　比如，从过去追求高产的疏果技术，向完全不同的追求品质的疏果技术方向改变。随之改变的还有整枝、修剪等方法。而伴随着整枝和修剪方法的改变，施肥技术也在发生变化。毕竟只改变一种技术而不改变相应的其他技术是得不到想要的结果的。

　　我的目标是将研究成果应用到实际的柑橘栽培中。本书凝聚了多位前辈的研究成果和无数柑橘生产者的实践经验，总结了可以提高柑橘品质且已经得到了实践验证的栽培技术。另外，很多柑橘若有30年树龄了，就必须进行更新复壮，本书也为那些没有培育幼树经验的后继者们介绍了如何进行老树的更新复壮。

　　希望本书对柑橘生产者和技术人员在柑橘栽培的实践中有所助益。

岸野　功

目 录

序
前言
柑橘生长发育和栽培要点年历

第 1 章

培育优质柑橘的四大要点

1 要点一：比修剪更重要的是间伐 ………… 002

◎ 以高产为目标—密植—重修剪的恶性循环… 002

◎ 间伐会减少产量是一种错觉 ………… 003

◎ 好吃的柑橘是由间伐产生的 ………… 004

2 要点二：改变对疏果的认识 ………… 005

◎ 留下难以膨大的果实 ………… 005

◎ 开花多的树可以产出高品质的果实 …… 007

◎ 隔年结果是因为肥料少 ………… 007

◎ 如果有小枝和叶子，要增施肥料 ………… 007

3 要点三：让果实在树上完熟 ………… **009**

4 要点四：根据土质和经营方式来控制土壤水分 ………… **010**

◎ 不让雨水进入园内 ………… 010

◎ 限制柑橘树吸水 ………… 011

◎ 尽快排出园内的水 ………… 012

第 2 章

从收获后到发芽的日常作业

1 要这样使用机油乳剂 ………… **014**

◎ 机油乳剂和其他药剂不同 ………… 014

◎ 要根据树势和害虫考虑使用方法 ………… 014

◎ 喷洒机油乳剂要适量 ………… 015

2 防风树墙是日照不足的原因 ………… **016**

3 柑橘的好味道要靠做好排水沟 ………… **017**

◎ 没有排水沟，使用地膜也没用 ………… 017

◎ 配合园区倾斜条件来做斜坡 ………… 017

◎ 方便日常作业的暗渠排水沟 ………… 018

4 整土派和割草派，哪个好 ………… **019**

◎ 在柑橘园生产稻草 ………… 019

◎ 使用除草剂后，补充有机质是不可或缺的… 019

5 施用有机质肥料的量和质 ………… **020**

6 2 吨有机质可以达到 5 吨的效果 ………… **021**

7 作业顺畅、果实品质提高——间伐好处多… **022**

◎ 如何判断密植——你的果园有问题吗 …… 022

◎ 千鸟间伐也是密植，现在开始行间伐 …… 022

◎ 尽早间伐防止产量下降 ………… 023

8 防止杂草吸收更多春肥——提高吸收效率… **024**

9 除草剂的使用时间 ………… **025**

10　整枝、修剪 ·················· 026
　◎ 不要对修剪抱有太高期待 ············· 026
　◎ 隔年修剪 ······················ 029
　◎ 初学者该怎样修剪 ················ 029
　◎ 比起小枝要多留意大枝——修剪前进
　　行整枝 ························ 034

　◎ 根据树的情况使用合适的修剪方法 ········ 036
　◎ 大津 4 号、青岛温州蜜柑——树势强
　　的品种的修剪 ··················· 038
　◎ 极早熟温州蜜柑——树势弱的品种的修剪·· 038
　◎ 采用让果实在树上完熟的栽培方式——
　　对树势弱的品种进行轻修剪 ··········· 039

第 3 章
从发芽到开花结果的日常作业

1　疏蕾和早期疏果 ·················· 042
　◎ 不费时的疏蕾作业 ················ 042
　◎ 通过 2 年的疏蕾就能改善隔年结果的现象·· 043

2　让生理性落果变少的疏芽 ········· 043

3　在开花期防治果实病虫害 ········· 044
　◎ 访花害虫——根据发生规模进行 1~3 次防治·· 044
　◎ 灰霉病——抓住防治时期进行 2 次防治 ····· 044

4　施用夏肥不要过早也不要延迟 ····· 044

5　对果实少的树来说夏肥是毒药 ····· 045

6　夏肥的施用量由春肥后的降雨量决定······ 046

7　割草迟会让夏肥见效迟 ·············· 046

8　怎样施用夏肥，果实品质才不会变差·····047
　◎ 对直立枝上果实多的树 ············· 048
　◎ 对施用秋肥迟的树 ················ 048

9　枝别疏果控制树势和结果 ············ 048
　◎ 枝别疏果改善隔年结果现象 ·········· 048
　◎ 对果实容易偏大的品种进行枝别疏果 ····· 050
　◎ 对果实在树上完熟的品种也要进行枝别疏果·· 051

10　为了生草管理方便，在梅雨期前割草··· 051

11　黑点病的发展取决于梅雨期前的防治··· 052

第 4 章
果实膨大期的日常作业

1　改变对疏果的认识——区分品质好的果实··054
　◎ 留下不容易长大的果实 ············· 054
　◎ 糖酸度、外观都取决于果梗枝 ········· 054
　◎ 叶子多的有叶果糖度上不去 ·········· 054
　◎ 果实的大小取决于果梗枝 ············ 055
　◎ 向下生长的果实着色好 ············· 055
　◎ 种植柑橘其实就看疏果 ············· 056

2　准确判断 M 至 L 级果实的方法 ·········· 057

3　选择合适的果实，培养 M 至 L 级果 ····· 058

　◎ 果实大小开始产生差异时，是最适合粗
　　疏果的时期 ····················· 058
　◎ 根据枝条的位置疏果 ·············· 059
　◎ 有效率的疏果顺序 ················ 060

4　最终疏果从极早熟品种开始 ·········· 061

5　在树上完全成熟的 S 至 M 级果 ·········· 064

6　大津 4 号、青岛温州蜜柑——大果品种的
　　疏果 ························· 065
　◎ 让弱枝多结果 ··················· 065

◎ 结果过多会导致着色迟，并产生浮皮果⋯⋯ 065

7 树上选果，节约在家中选果的工夫⋯⋯⋯ 066
◎ 下决心疏掉小果⋯⋯⋯⋯⋯⋯⋯⋯⋯⋯ 066
◎ 大津 4 号、青岛温州蜜柑的树上选果 ⋯⋯ 066

8 吊枝能提高树冠内部果实的品质⋯⋯⋯⋯ 067

9 地膜栽培⋯⋯⋯⋯⋯⋯⋯⋯⋯⋯⋯⋯⋯ 068
◎ 可以使用地膜栽培的果园和不可以使用的
果园 ⋯⋯⋯⋯⋯⋯⋯⋯⋯⋯⋯⋯⋯⋯ 068
◎ 怎样使用地膜才能见效 ⋯⋯⋯⋯⋯⋯⋯ 068
◎ 地膜的种类及其效果 ⋯⋯⋯⋯⋯⋯⋯⋯ 069
◎ 地膜栽培最困难的是排水 ⋯⋯⋯⋯⋯⋯ 069
◎ 不让雨水从主干进入的地膜覆盖方法 ⋯⋯ 070
◎ 即使覆盖了地膜果实糖度也没有提高时怎
么办 ⋯⋯⋯⋯⋯⋯⋯⋯⋯⋯⋯⋯⋯⋯ 070
◎ 即使覆盖了地膜果实酸度也很高时怎么办⋯ 071

第 5 章
从收获到贮藏的日常作业

1 促进着色的药剂有效吗⋯⋯⋯⋯⋯⋯⋯⋯ 074

2 浮皮轻减剂是有效果的⋯⋯⋯⋯⋯⋯⋯⋯ 074

3 利用秋肥改变隔年结果现象⋯⋯⋯⋯⋯⋯ 075
◎ 没有施夏肥的树可以一起施⋯⋯⋯⋯⋯ 075
◎ 如何让树在秋季吸收秋肥⋯⋯⋯⋯⋯⋯ 076

4 秋肥最早可以在什么时候施用⋯⋯⋯⋯⋯ 076
◎ 不降低果实品质的施肥界限⋯⋯⋯⋯⋯ 076
◎ 对极早熟品种分 2 次施肥⋯⋯⋯⋯⋯⋯ 077

5 秋肥施用迟的应对方法⋯⋯⋯⋯⋯⋯⋯⋯ 078

6 根据着色和糖度决定收获期的方法⋯⋯⋯ 079

7 不同极早熟品种的收获期判断⋯⋯⋯⋯⋯ 080
◎ 9~10 月销售的品种以果实酸度来判断收
获期 ⋯⋯⋯⋯⋯⋯⋯⋯⋯⋯⋯⋯⋯⋯ 080
◎ 分段收获是着色迟的原因 ⋯⋯⋯⋯⋯⋯ 080
◎ 10 月中下旬收获的品种，最好让其在树
上完熟 ⋯⋯⋯⋯⋯⋯⋯⋯⋯⋯⋯⋯⋯ 081

**8 为提高品质，对早熟温州蜜柑一次性完
成收获⋯⋯⋯⋯⋯⋯⋯⋯⋯⋯⋯⋯⋯⋯ 081**

9 尽量让普通温州蜜柑着色后收获⋯⋯⋯⋯ 082

10 大津 4 号、青岛温州蜜柑收获的好方法⋯ 082
◎ 大津 4 号：等到完全着色后再收获 ⋯⋯ 082

◎ 青岛温州蜜柑：着色 8 成就可收获，通过贮藏
提高品质 ⋯⋯⋯⋯⋯⋯⋯⋯⋯⋯⋯⋯ 082
◎ 比起一次性收获，分段收获品质更好 ⋯⋯ 082

11 不让果实品质变差的收获方法⋯⋯⋯⋯⋯ 083
◎ 非熟练工要注意以下事项 ⋯⋯⋯⋯⋯⋯ 084
◎ 不对果实造成伤害的六大原则 ⋯⋯⋯⋯ 084

12 提高收获效率的方法⋯⋯⋯⋯⋯⋯⋯⋯⋯ 085
◎ 一次剪切和二次剪切 ⋯⋯⋯⋯⋯⋯⋯⋯ 085
◎ 三人采摘和两人采摘 ⋯⋯⋯⋯⋯⋯⋯⋯ 085
◎ 拉开树间距，提高效率 ⋯⋯⋯⋯⋯⋯⋯ 086

13 让果实不在贮藏时品质下降的诀窍⋯⋯⋯ 086
◎ 维持品质不可或缺的预防措施 ⋯⋯⋯⋯ 086
◎ 不会失败的箱子堆积贮藏法 ⋯⋯⋯⋯⋯ 086
◎ 让着色继续进行的高温处理法 ⋯⋯⋯⋯ 087

14 贮藏目的不同，贮藏方法也不同⋯⋯⋯⋯ 087
◎ 促进着色的贮藏方法 ⋯⋯⋯⋯⋯⋯⋯⋯ 087
◎ 减少酸度的贮藏方法 ⋯⋯⋯⋯⋯⋯⋯⋯ 087
◎ 温暖地区的贮藏方法 ⋯⋯⋯⋯⋯⋯⋯⋯ 089

15 把握品质差异的销售方法⋯⋯⋯⋯⋯⋯⋯ 089
◎ "好吃的柑橘"的糖酸度标准 ⋯⋯⋯⋯⋯ 089
◎ 柑橘的糖酸度差异 ⋯⋯⋯⋯⋯⋯⋯⋯⋯ 089
◎ 预测果实差异，在选果场检查果实品质⋯⋯ 090
◎ 预测糖酸度变化的销售方法⋯⋯⋯⋯⋯⋯ 091

第 6 章

改植和更新

1 为什么需要改植？ ·················094

2 打造可以利用机械并能提高糖度的果园 ···095
- ◎ 陡坡果园的改造··················095
- ◎ 缓坡果园的改造··················097
- ◎ 在即成果园内铺设作业道·········097

3 大苗培育 ·······················098
- ◎ 以缩短没有产量的时期为目标·········098
- ◎ 温室育苗·······················098
- ◎ 覆盖地膜的露地育苗··············101

4 苗木的定植管理·················102
- ◎ 考虑到作业方便和产量、品质的定植计划·· 102
- ◎ 初期生长发育好的定植方法········102
- ◎ 提高品质的幼树施肥方法 ·········103
- ◎ 第 2~3 年开始要管理枝条·········104

5 移植·····························106
- ◎ 移植时改变树形进行整枝修剪 ······106

- ◎ 叶多生长发育就好···················107
- ◎ 用断根来减少种植伤害···············108
- ◎ 可以移植的时期在 1 年中有 3 次·······109
- ◎ 不让树受伤的挖掘方法···············109
- ◎ 确认植株成活后再移植···············110
- ◎ 移植后出现枯叶、落叶的对策·········110

6 高接更新·····························111
- ◎ 高接更新失败的原因较多 ···········111
- ◎ 接穗的数量决定早期产量 ···········111
- ◎ 根据树的状态选择更新方法 ·········112
- ◎ 需要辅养枝吗···················115
- ◎ 活性不高时的对策···············115
- ◎ 高接不失败的要点···············116
- ◎ 春梢摘心会降低树的质量 ·········116
- ◎ 有效的施肥方法···················117
- ◎ 高接的第 2 年进行枝条牵引是最重要的···· 117
- ◎ 规范的结果管理从第 5 年开始·········118

第 7 章

主要病虫害防治

1 疮痂病——幼苗和幼树要注意·········122

2 运输、贮藏过程中的病害——在收获前 20 天进行防治 ·················122

3 溃疡病——新叶长 3 厘米时是防治的最佳时期 ·····················122

4 柑橘红蜘蛛——要注意抗药性·········123

5 介壳虫类——用机油乳剂防治·········124

6 芒果茶黄蓟马 ·····················124

- ◎ 使用合成除虫菊酯类农药要注意红蜘蛛·····124
- ◎ 对罗汉松进行防治，危害会增加···········125

7 椿象——初期防治最为重要·········125

8 柑橘潜叶蛾——成年树不用防治·········125

9 利用快速喷雾机进行有效防治···········126
- ◎ 适合柑橘园的快速喷雾机 ·········126
- ◎ 适当的喷洒量和行走速度·········126
- ◎ 在难以挂住药剂的地方喷洒的方法·········127
- ◎ 设置便利的供水槽···············127

柑橘生长发育和栽培要点年历

月份	1月	2月	3月	4月	5月	6月
生长发育状态、生殖器官	休眠状态 花芽分化期			发芽期 春梢仲长期 开花结果期 花芽发育期	生理性落花（果）期 细胞分裂期	
枝条、根系和果实的生长发育	贮藏养分		发芽	伸长	枝叶充实 根	
土壤中氮素的变化			春肥		夏肥	
主要的栽培作业	土壤改良	整枝、修剪 （间伐） 施用春肥 修剪防风树		疏花、疏蕾 施用夏肥	粗疏果	
病虫害防治		疮痂病	黑点病、疮痂病 访花害虫 红蜘蛛	黑点病、疮痂病 ※介壳虫（只在多发时防治）	黑点病	

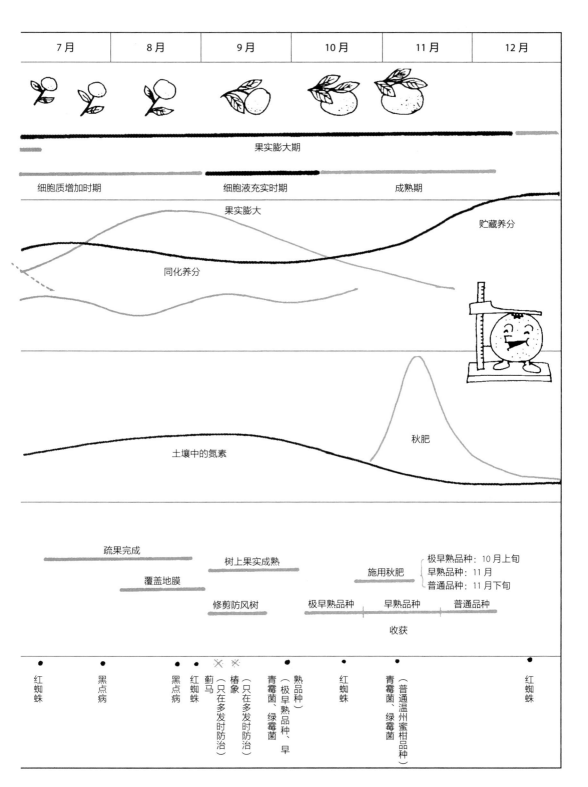

7月	8月	9月	10月	11月	12月

果实膨大期

细胞质增加时期　　　　细胞液充实时期　　　成熟期

果实膨大

贮藏养分

同化养分

秋肥

土壤中的氮素

疏果完成

树上果实成熟

覆盖地膜

极早熟品种：10月上旬
早熟品种：11月
普通品种：11月下旬

施用秋肥

修剪防风树　　　极早熟品种　　　早熟品种　　　普通品种

收获

红蜘蛛　　黑点病　　黑点病　　红蜘蛛　　蓟马（只在多发时防治）　　椿象（只在多发时防治）　　熟品种（极早熟品种、早青霉菌、绿霉菌）　　红蜘蛛　　青霉菌、绿霉菌（普通温州蜜柑品种）　　红蜘蛛

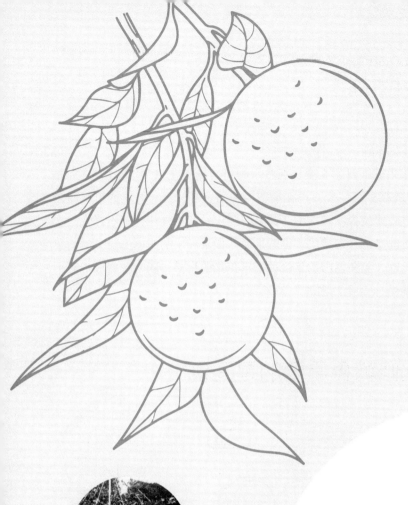

第1章
培育优质柑橘的
四大要点

日本消费者用来购买水果的钱没怎么变，但水果的消费量却在减少。特别是柑橘，每户家庭的消费量比 10 年前减少了一半。现在消费者的消费观念是，好吃的柑橘即使价格再高也会买，难吃的柑橘即使再便宜也不会买。多雨年份的柑橘往往都不好吃，这时消费者可能会选择草莓或进口水果来替代。也就是说，如果种出的柑橘不能满足消费者的需求，就无法卖掉。所以，能在多雨的年份种植出美味的柑橘，同时花费成本还不高，这样的技术就变得很重要。

1 要点一：比修剪更重要的是间伐

◎ 以高产为目标—密植—重修剪的恶性循环

在柑橘产量低的年代，产量比品质更为重要。那时人们非常重视能够促进高产的技术。所以，在开始种植时会密植很多柑橘树，从幼树阶段就开始努力增产。一开始的种植计划是等到柑橘树长大后，枝繁叶茂了再开始间伐，让树与树之间保持适当的距离。但是不知不觉间，就忘记了这个计划，一直保持着开始时的种植密度。

因为树木拥挤，所以在进行病虫害防治、除草和疏果等管理作业时十分困难，一些人因为怕麻烦便对管理作业偷工减料，最后产生了很多外观和品质欠佳的果实（图1-1）。

为了园间作业顺利进行，管理者不得不对柑橘树进行重修剪，只留下直立枝。但修

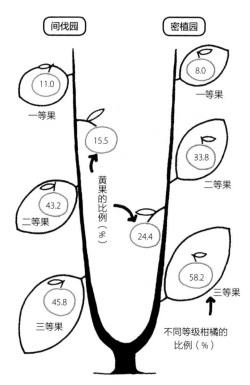

图 1-1　间伐园和密植园中的果实品质的差别

剪力度过大会让枝条徒长，容易形成粗皮大果，果皮着色也会延迟。为了抑制枝条徒长、保持果实品质，又不得不减少施肥量。刚开始时减少施肥量确实可以抑制枝条徒长，果皮也会变得光滑，果皮褪绿时期也会提前。但这样少肥密植的状态持续下去，果皮红色薄，果实甜度下降、酸度上升，产量也会减少。留下的直立枝过多，导致向上生长的大果增多，疏果变少。因为肥料少、疏果轻，所以会出现隔年结果（大小年）现象（图 1-2）。

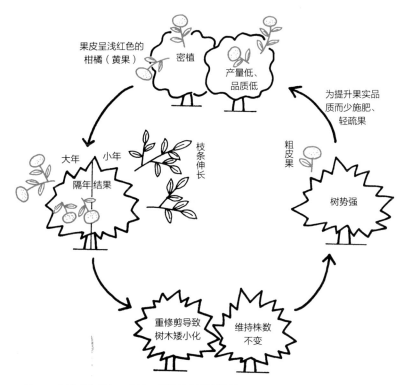

图 1-2　以高产为目标—密植—重修剪的恶性循环

◎ 间伐会减少产量是一种错觉

　　柑橘树枝条生长需要 1 年的时间，密植的弊害是很难发现的，不知不觉就会变成产量低下、品质欠佳的果园。谁都知道间伐后的果园不仅日常作业更为便利，还能提高果实品质，但还有不少人担心间伐会让果园产量下降，所以一直维持柑橘树的数量而不进行间伐。

　　不少人会这样想，现在果园有 90 株树，产量是 3 吨，间伐后为 60 株，产量就会变成 2 吨，所以不想进行间伐。

因为有亚主枝，树叶集中在树的上方，通过间伐树冠会扩展，叶数增加了产量就能保持不变。此外，日常作业效率能够提高，果实品质也会得到提升，这些都是间伐的优点。

消费者的需求是好吃的柑橘。糖度为 12 度以上的柑橘商品，可以和普通商品区别开，卖出高价。虽然以产量为首要目标的种植模式也不错，但是今后的种植模式必须要注重果实品质。

◎ 好吃的柑橘是由间伐产生的

糖度高的柑橘都是在日照、土壤透水条件良好的地区生产出来的。有很多柑橘的著名产地都是面朝大海的陡坡，就是因为这种地方日照和土壤透水条件都非常好（图 1-3）。

密植园的果实品质欠佳多半是因为树体和土壤的光照不好。在雨水多的年份，密植园的柑橘品质也会变差。为了种出好吃的柑橘，株距应该至少保持在 50 厘米以上，行距保持在 1 米，这样树和土壤都能充分照射到阳光。行距保持在 1.5 米以上，就可以使用喷雾机或运输车来进行日常作业，从而提高作业效率。最近，很多产地为了生产出糖度超过 13 度的柑橘，都积极扩大了株距。另外，他们还在行间挖排水沟，并使用地膜来保持土壤干燥，这样即使在多雨的年份也能生产出糖度高的果实（图 1-4）。

未来柑橘的生产更注重果实品质的提高和操作省力化。所以，不要拘泥于产量而保持果树株数，要果断间伐，这才是提高果园品质最有效、最迅速的方法（图 1-5）。

图 1-3　株距大的柑橘树，树枝充分伸展

图 1-4　采用间伐扩宽行距，高垄种植并覆盖地膜，可以生产出优质果实

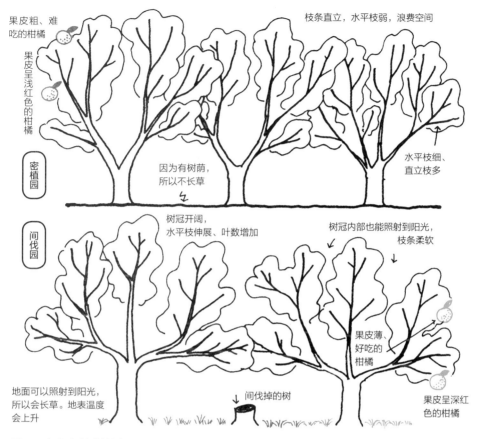

果皮粗、难
吃的柑橘

果皮呈浅红
色的柑橘

枝条直立，水平枝弱，浪费空间

密植园

因为有树荫，
所以不长草

水平枝细、
直立枝多

间伐园

树冠开阔，
水平枝伸展、叶数增加

树冠内部也能照射到阳光，
枝条柔软

地面可以照射到阳光，
所以会长草。地表温度
会上升

间伐掉的树

果皮薄、
好吃的
柑橘

果皮呈深红
色的柑橘

图 1-5　间伐改变树的状态

2 要点二：改变对疏果的认识

◎ 留下难以膨大的果实

疏果时可以亲自观察果实外观并挑选果实，这是提高果实品质最直接的方法。

果皮又薄又滑、红色浓郁的果实无论看起来还是吃起来都好。长出这样果实的枝条（果梗枝）往往很细，果实膨大后微微下垂。相反，如果果梗枝粗、果实会向上生长，结出的果实果皮又厚又粗，品质不好。细的果梗枝上长出的果实，品质优良但不会长得很大；粗的果梗枝上长出的果实，品质欠佳但容易长成大果（图 1-6、图 1-7）。

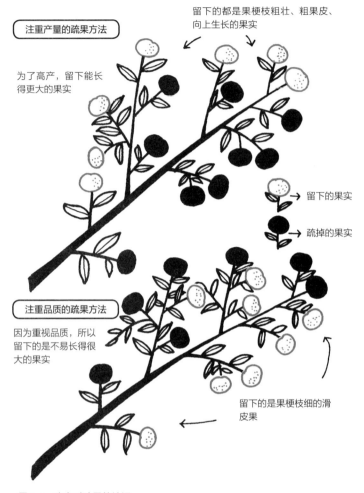

留下的都是果梗枝粗壮、粗果皮、向上生长的果实

注重产量的疏果方法

为了高产，留下能长得更大的果实

→ 留下的果实

→ 疏掉的果实

注重品质的疏果方法

因为重视品质，所以留下的是不易长得很大的果实

留下的是果梗枝细的滑皮果

图1-6 改变对疏果的认识

在产量比品质更为重要的年代，疏果时多留下容易长大的果实以保证产量。在更重视品质的现在，疏果方法是，在细的果梗枝上，让果实按照规格等级膨大。以前疏果留下的果实和现在疏果留下的果实完全不一样。因为现在要留下不易膨大的果实，所以疏果时间要早，疏果强度要强，不然果实不能按照规格等级膨大。掌握新的疏果技巧十分关键。

图1-7 向下生长的果实中能出优质果

◎ 开花多的树可以产出高品质的果实

开花少的树，细果梗枝上的果实也少，疏果时即使想留下品质好的果实也没得选，隔年结果的树更是要等待 1 年才可能收获好果实。能否收获优质的果实取决于开花多少。如果每年结果都很多，那么疏果时就可以从中留下外观和品质俱佳的果实，最后收获优质的柑橘。为了每年都能收获优质的柑橘，势必要解决隔年结果的问题。

◎ 隔年结果是因为肥料少

反复隔年结果是因为施肥量过少。减少施肥量有时是为了防止果实着色迟或产生浮皮果，不过有些按照基准施肥量施肥的柑橘品质也会变差，那是因为树形不好。

从直立枝长出的新梢会越长越长。枝条一般会从横向生长变成向下生长，之后就不怎么抽出新梢，也不怎么伸长。直立枝的新梢能够充分伸展，主要是因为肥料和水的供给多。所以，直立枝上的果实在施肥量过多时品质会变差。

果梗枝细、下垂的果实多的树，一般都是直立枝较少的树。直立枝上的果实，一般由于果梗枝过粗，果实很难向下生长。即使从高 1 米处抽出亚主枝，长到 2 米高的也比较多。直立枝只有主枝，亚主枝为水平枝，侧枝多为水平枝和斜生枝的树形才可以结出优质果实。密植会导致果树的直立枝过多，水平枝很弱。因为下部枝条弱，所以对直立枝进行修剪可以在很大程度上扩大空间。若下部枝条接触不到阳光，就不会抽出新梢，这种情况下即使牺牲 2~3 成的产量，也要修剪直立枝，打造成亚主枝和侧枝横向伸展的树形来保证果实的品质。

◎ 如果有小枝和叶子，要增施肥料

持续少肥管理的柑橘树，小枝和叶子都很少，一旦施肥量过多，果实品质就会下降，这时需要增加施肥量。如果不解决小枝和叶子不多的问题，就没法改善隔年结果的现象，也无法增加水平枝（图 1-8）。

增加施肥量时，应与施用完全发酵的堆肥、部分深耕等措施配合，这样能尽快恢复树势，增加小枝和叶子的数量，水平枝也会变多。在增加施肥量的 2~3 年间，柑橘品质会有所下降。不过等到枝条伸展、小枝和叶子的数量增加后，就可以得到想要的优质果实了。

像大津 4 号和青岛温州蜜柑这样的大果系品种，如果弱侧枝不多，果实就容易过分膨大。如果是斜生枝上长了许多果实，果实很难过分膨大，就能收获外观、品质俱佳的柑橘。因此，对目前品种的修剪主要是疏剪，让枝条变得弱一些，树与树之间更开阔一些。

　　树势弱的极早熟品种短枝多，容易长得过于繁茂。重修剪、施肥量不多时，果实容易变成球形；如果不趁早疏果，就会出现小果；如果不配合品种特点进行管理，也很难发挥品种的优势。

隔年结果的原因是肥料少

修剪过强

少肥容易导致枝条变硬，叶数减少，不抽春梢

着花（坐果）量少

疏果也没有好果实可选择

· 增加施肥量（基准施肥量）
· 改良土壤（细根增加）
2~3 年品质欠佳

转换树的状态

施肥量增加 2~3 年后，枝条数量增加并变得柔软，叶数增加，能抽出很多春梢

接下来就能收获品质不错的果实了

小枝和叶子多时，即使施肥量大也不会出现徒长枝

图 1-8　改善隔年结果的方法是增加施肥量

3 要点三：让果实在树上完熟

　　将果实切开，一半用来测量糖度和酸度，另一半吃掉。按照"好吃""普通""不好吃"3 个档次来评价果实口味。一般人们认为"好吃"的果实包括糖度在 12 度以上、酸度在 1.0% 以下的早熟温州蜜柑和糖度在 13 度以上、酸度在 1.0% 以下的普通温州蜜柑。当果实的糖度下降 1 度、酸度下降到 0.8% 以下时，很多人也认为属于"好吃"的档次。

　　培育出糖度高的柑橘的一个方法就是让果实在树上完全成熟（完熟）。柑橘的果实进入成熟期后，果皮逐渐着色，糖度上升、酸度下降。不会成为浮皮果的果实留在树上的时间越长，其糖度就会越高、酸度越低，囊衣（包在果瓣外的皮）也会变软，变成像温室种植的柑橘一样的果实。但是浮皮果变多时，就不能让果实在树上完熟。所以成功的关键是抑制浮皮果发生。

　　浮皮果容易在湿度较大的果园中出现，所以采取间伐让园内日照充足，修剪防风树让园内通风变好等整顿果园环境的措施十分重要（图 1-9）。

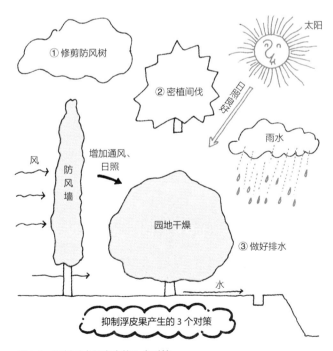

图 1-9　抑制浮皮果产生的 3 个对策

出现小果的概率不大，一般进行以疏剪为主的轻修剪且弱侧枝多的树容易出现。若不事先调整好让果实在树上完熟的环境，长出来的果实也不会好吃。

嫁接糖度高的大津4号和青岛温州蜜柑也不错。这些品种从开花到收获需要一定的积温，适合种植在日照良好、开花早的地方。因其树势旺盛，所以可以种植在土层浅的地方。在适合的环境下种植可以收获糖度高的果实，但在环境条件不好的情况下，不仅糖度不高还很难种植。为了发挥品种的特点，选择适合的种植场所最为关键。

4 要点四：根据土质和经营方式来控制土壤水分

我的经验是，在从7月下旬到收获期的降雨量不足400毫升的年份，可以收获糖度在11度以上的果实。但是在降雨量超过400毫升的年份，只能收获糖度为10度左右的果实。一般3年中会有1年降雨量不足400毫升，所以每年的果实品质差别很大。在雨水多的年份，想要种植出非常好吃的柑橘，就要积极调整土壤水分。一般柑橘园调整水分的方法有3个，不让雨水进入园内、限制柑橘树吸水和尽快排出园内的水。

◎ 不让雨水进入园内

若不让雨水进入柑橘园，最典型的方式是温室栽培。这样做已经证实可以收获糖度为13度的非常好吃的柑橘。

（1）**覆盖顶棚** 尝试最简单的只覆盖顶棚的栽培方式。因为是简易设施，为了躲避台风，还要在9月以后覆盖地膜。但此时覆盖地膜，糖度就无法如设想的那样上升了。因为比起露地种植，覆盖地膜后土壤不容易干燥，糖度就不容易上升。因此，应将覆盖时间定在9月，不能太迟。

所以宁可使用极早熟的温州蜜柑品种，在开花前覆盖地膜，一直持续到梅雨期结束，之后再进行露地种植，进行无加温种植。

（2）**覆盖地膜** 在土壤表面覆盖地膜，雨水就不会进入土壤中，这种栽培方法可以提高果实的糖度，是目前最实用的方法。

但即使遮挡了降雨，地下水位仍然会升高，在水能从下面渗上来的地方，这个方法没有效果。所以，不能放任水在周围流动，在覆盖地膜之前就要想好排水对策，在没有排水对策的柑橘园，这个方法不适用。

◎ 限制柑橘树吸水

（1）**箱式栽培** 将柑橘放在箱子里种植是一种代表性的栽培方式（图1-10）。在有限的土壤中种植柑橘，果实糖度会很高，但要注意如果水和肥料管理水平差，就很难维持树势，需要进行集约化栽培管理。箱子很小，所以要尽早收获高糖度的果实，不过这样做产量会减少，树的经济寿命也会缩短。如果想要增产就必须增加树的数量，也很耗费资金。

（2）**利用木板围栏种植** 可以使用木板替代箱子围成框架种植柑橘，这样比较经济（图1-11）。因为是成行种植，所以土壤水分比较均匀。当根充满框架后，就很难维持树势了，这时可以考虑扩宽框架，或者拆掉框架换成高垄种植。在平地或是很难控制水流动的地方种植，这种方法操作起来比较容易，也很有意思。

图 1-10 土壤环境有限的箱式栽培

图 1-11 利用木板围栏种植

在由火山灰土壤形成的天然果园，可以在树冠下的位置插入木板限制根系生长，并结合覆盖地膜来提高果实糖度。挖沟时使用树木用的切根锯会更为便利。

◎ 尽快排出园内的水

渗入土壤的水，通过柑橘叶子蒸腾作用散出和地表蒸发后就会相应减少。

如果采用高垄种植，即在树间挖出倾斜沟，这种方法可以让雨水很容易流到园外。由于地表面积大，蒸发量也多，土壤容易干燥。

间伐后，可以将树的行距扩宽成能让小型四轮拖拉机进入的作业道，这个作业道可以做成倾斜的，这样就能兼作排水沟，提高作业效率，也可以让柑橘园的日照变好。天然果园一般都是缓斜坡园，所以陡坡园进行改植时，也有改造成这样的园子的案例。

柑橘树的根系如果只在浅层土壤扩展，土壤中所含的水分是比较少的。而有效土层越深，产量就越高，所以一般在种植柑橘时都进行 1 米左右的深耕，但是现在是注重果实品质的时代，在比较浅的地方种植的也有。土层浅树势就弱，需要努力维持树势，还必须准备好在干旱时浇水的设备。

第 2 章

从收获后到
发芽的日常
作业

1 要这样使用机油乳剂

◎ 机油乳剂和其他药剂不同

要杀死害虫必须使用药剂。也有使用药剂后也杀不死的害虫，这些害虫对药剂有了抗药性，必须使用其他杀虫剂才能杀死。但即使开发了其他杀虫剂，害虫迟早也会产生抗药性。

特别是发生次数多的虫害，很容易产生抗药性。柑橘红蜘蛛（柑橘全爪螨）是其中最典型的一种，即使使用 10 种以上的农药，也没有办法根除。

机油乳剂和其他药剂不同，会残留在害虫体表，让害虫窒息而死。它有以下几个优点：一是不会产生抗药性，二是可以防治很多种害虫，三是对天敌伤害不大。所以使用机油乳剂不仅可以减少防治红蜘蛛的次数，还可以同时除掉介壳虫（如矢头蚧）。但是这种药剂会让树势较弱的树落叶增多，所以一定要根据树的状态选择机油乳剂的种类和喷洒浓度。

◎ 要根据树势和害虫考虑使用方法

（1）只有红蜘蛛，还是也有介壳虫　机油乳剂中 95% 都是油，当然也有含油量在97% 或 98% 的高浓度产品。含油量越高越不容易出现药害，不过价格却可能高出 1.8倍。稀释后药害就会降低。要是只防治红蜘蛛可以使用低浓度的机油乳剂，但如果要防治介壳虫，就要使用高浓度的。

（2）花少叶多的树　着花少而叶子多的树即使遭遇干旱其叶子也不会卷曲。这样的树可以在 12 月下旬~第二年 1 月中旬喷洒含油量为 95% 的机油乳剂，要在收获后天气稍微变凉时，找一个晴朗温暖的日子喷洒。如果天气寒冷后才喷洒，就容易出现药害。防治介壳虫可以将含油量为 95% 的机油乳剂稀释 35~45 倍，防治柑橘红蜘蛛可以稀释60 倍。

（3）树势弱，担心落叶的树　虽然担心对树势弱的树喷洒机油乳剂后会导致落叶，不过因为在 3 月会进行改植，工作比较忙，所以还是在 12 月喷洒高浓度机油乳剂，防治柑橘红蜘蛛可以稀释 80 倍使用，防治介壳虫可以稀释 60 倍使用。

新叶少但果实多的树在持续干燥的情况下，叶子会发生卷曲。对这样的树喷洒机油乳剂可能会导致落叶增多，所以在 3 月中下旬喷洒高浓度的机油乳剂比较安全。需要注意的是，在突然升温的日子里喷洒可能会导致落叶，所以要在温度回暖一段时间且较为稳定后再喷洒。

◎ 喷洒机油乳剂要适量

机油乳剂的作用机理是覆盖在虫体表面让其窒息而死，所以如果不将虫子表面都喷到就达不到效果。虫子冬季会生活在叶子背面或枝条的横切面里。在叶子表面喷洒时，如果药水流下来，说明喷得十分充分，但过量了也是一种浪费。让喷头和枝条保持一定距离，从叶子背面仔细地喷洒，直到药剂将将要落下为止，这样喷洒就不会造成浪费。不要边走边喷，而是要在固定位置喷洒，直至全部喷上药剂再移到下一个位置。另外，分枝的地方也要喷上药。成年树木大约每株需要 10 升药剂，是其他药剂的 1.5 倍才能见效（图 2-1）。

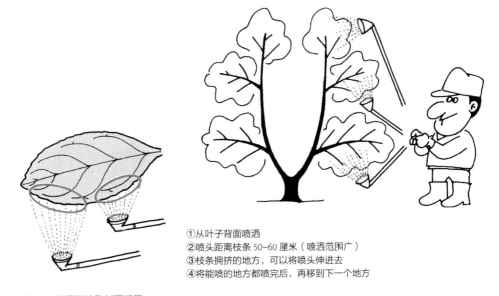

①从叶子背面喷洒
②喷头距离枝条 50~60 厘米（喷洒范围广）
③枝条拥挤的地方，可以将喷头伸进去
④将能喷的地方都喷完后，再移到下一个地方

图 2-1　喷洒机油乳剂要适量

2 防风树墙是日照不足的原因

比起病虫害，风造成的果实损伤更多。防风树墙可以起到防风、减少果实损伤的作用，但是它也会让柑橘园的日照变差。如果不对防风树墙的高度加以管理，不勤于修剪而是放任不管，比起防风效果，日照不足带来的危害就会更大。

即使使用支架梯子，手能够到的高度大概也就 3 米，使用运输车的升降梯能够到的高度是 4 米。在地势平坦的果园中，防风树墙的防风距离大概是其高度的 10 倍，也就是说 30~40 米的防风距离只需要 3~4 米高的防风树墙（图 2-2）。

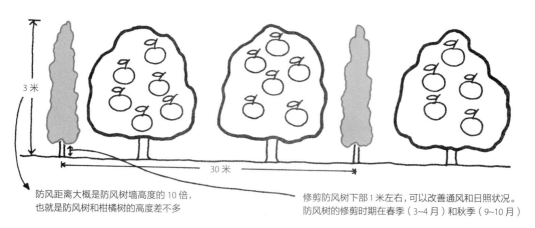

防风距离大概是防风树墙高度的 10 倍，也就是防风树和柑橘树的高度差不多

修剪防风树下部 1 米左右，可以改善通风和日照状况。防风树的修剪时期在春季（3~4 月）和秋季（9~10 月）

图 2-2 能保证果树日照，防风效果又好的防风树墙

和防风树同样高度的梯田是有防风效果的。比起一行过高的防风树墙，在管理高度范围内的数行防风树墙更好管理。一般防风树墙上部的防风效果比较好，下部应该全部修剪掉，改善柑橘园的日照环境（图 2-3）。

比起密不通风的密闭防风树墙，留出可以隐约看到柑橘树的缝隙可能防风效果更好。可以通过修剪过长的枝条或是大枝条来打造"漏风树墙"（图 2-4）。

发芽期开始后，病虫害防治和除草等工作都等着去做，可能就没有精力去管理防风树墙了。所以防风树墙的修剪一般在冬季，之后就没时间了。

图 2-3　下部被修剪掉的防风树墙

图 2-4　透过防风树墙能看到柑橘树

3 柑橘的好味道要靠做好排水沟

◎ 没有排水沟，使用地膜也没用

"雨水多柑橘味道就欠佳"的道理也不是通用的。雨水多的年份也可以生产出糖度高的果实。要打造适应任何天气的柑橘园。

在天然果园中，最实用的方法是通过覆盖地膜来提高果实糖度。最好趁着冬季，挖地膜覆盖所必备的排水沟。

首先，在柑橘园周围整备排水沟。柑橘园周围的排水沟，为了防止土壤流失，

图 2-5　在柑橘园周围整备排水沟

通常要在沟内挖坑，但不知不觉土就淤积起来，造成作业不便，最后就无法使用了。纵沟的作用是将柑橘园内要排的水汇集起来，一般水量很大。如果沟太小，水就会溢出来，所以要好好整备（图 2-5）。

◎ 配合园区倾斜条件来做斜坡

柑橘园的排水沟，是用行间的土和树基部的土做的，并向纵沟倾斜。在密植园无法

设置园内排水沟，所以一定要间伐。如果植树不整齐，就很难挖行间排水沟，可以两行使用一条排水沟。

在梯田内侧基部做排水沟。为了防止土壤流失，5米宽的田地，应挖高低差为25厘米的反坡，以汇集排水沟里的水。

如果田地有3度左右的自然倾斜，挖排水沟时就不用考虑倾斜度，沿着田地坡度直接挖就行了。但如果是沿着等高线开园的果园，田地平坦，就要做出倾斜角度来。如果田地的长度是30米，倾斜角度为2度，那么排水沟的高低差就是1米。

◎ 方便日常作业的暗渠排水沟

为了方便管理，排水沟最好采用暗渠式的。一般挖深30厘米的排水沟，整个沟底都覆盖上地膜，然后装入竹料、小石头。树根部的地膜要覆盖至排水沟的地膜之上，让雨水能流到暗渠排水沟里（图2-6）。

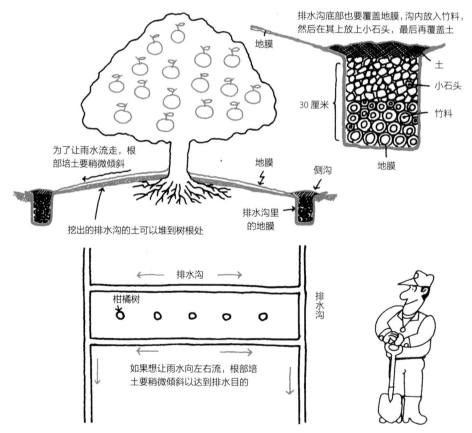

图2-6 建造园内暗渠排水沟的方法

4　整土派和割草派，哪个好

◎ 在柑橘园生产稻草

以前清耕种植时，会用稻草覆盖在树冠下面。生草栽培是在柑橘园里同时种植柑橘树和稻草。割草后会有 2~3 吨稻草可以用于柑橘园，每年将这些稻草有机质覆盖在柑橘园内。

采用生草栽培时，在施肥前或是夏季干燥时期收割稻草比较理想，使用收割机割草是重体力活，还有许多意想不到的作业。用除草剂替代割草作业比较轻松有效率，在冬季使用土壤处理型除草剂或是茎叶处理型除草剂，春季就不会再长草了。不过到了梅雨期还会长草，梅雨期之后也有很多人使用除草剂来管理。

使用了除草剂，就可以从生草栽培转成清耕栽培。一开始土中的腐殖质多，草和柑橘树不形成养分竞争关系，但如果使用的肥料量不变，树叶颜色就会变浅，这时使用除草剂除草可以维持树势。

生草栽培果园每年的割草量为 2~3 吨，这个数量可不小。梅雨期的产草量为 600~900 千克，如果只在梅雨期使草生长，土壤中的腐殖质会减少，土质会变硬。雨水会让肥料更易流失，坡地会让表层土流失，地力会逐渐下降，不知不觉树势就会变弱。

◎ 使用除草剂后，补充有机质是不可或缺的

持续使用除草剂来管理杂草，即使施肥果树叶色也不会变好，同时很难抽出新梢，枝条不再伸长，还可能导致隔年结果等严重后果。当施肥后叶色也没有如想象中变好时，最好把土挖开仔细检查一下细根。如果细根不多，最好使用有机质肥料来改良土壤，不然产量不稳定，果实品质也会变差。

生草栽培会吸收肥料，所以更要多施肥。在 4 月、6 月和 9 月进行割草，梅雨期结束后使用除草剂进行管理，可以维持好树势。如果为了节省割草的劳力而使用除草剂，就需要花费金钱购买有机质肥料，并在施肥上花更多劳力。生草栽培果园是用割草来管理还是用除草剂来管理，区别在是春夏使用还是秋冬使用劳力上（图 2-7）。

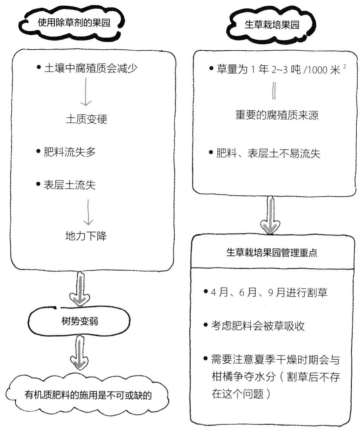

图 2-7　使用除草剂的果园和生草栽培果园的不同

5　施用有机质肥料的量和质

　　有机质可以在土壤中制造出空隙，让土壤变松软，根系可以轻松地在土壤中伸展，同时土壤中的微生物可以充分分解肥料并将营养物质带到土中。容易腐烂的有机质，在改良土壤方面的作用相当于缓效肥，效果突出。油渣、鱼粉、鸡粪等都是缓效肥。树皮堆肥、锯末堆肥等都对软化土壤起到很大作用。

　　与完全发酵肥料相比，未完全发酵肥料在软化土壤中起到的作用更大，但是没怎么发酵的肥料，在土壤中腐化时会消耗氮素，很容易导致柑橘树的氮素不足。所以使用未完全发酵的肥料，在完成土壤改良前，叶色会变黄甚至落叶，虽然树势会恢复，但是有些需要花费 2 年的时间。使用完全发酵的树皮堆肥和锯末堆肥就完全没有这个问题。完全发酵的树皮堆肥的颜色为黑褐色，不残留木头的香味，用手指捻就立刻碎掉，也看不出材料原形。

有机质在地温高时容易分解，所以夏季温度高时有利于有机质分解，这样夏季到秋季土壤中的氮含量就会变多。柑橘树在这个时期由于氮素作用的原因，果实着色慢，浮皮果多，果实品质变差。施用大量有机质可以让土壤变松软，根系变多，但是果实品质也许会下降，所以尽量不要一次施用过多有机质。柑橘树一般 1000 米 ^{2} 施用 2 吨的锯末堆肥比较合适。

6 2 吨有机质可以达到 5 吨的效果

在土壤改良时，过多使用有机质反而会让果实品质变差，所以 1000 米 ^{2} 最适施用量为 2 吨。但是也有人说，改良土壤的物理性状起码要使用 5 吨的有机质。用 2 吨的有机质如何达到 5 吨的效果呢？那就是不要全园都撒，而是在部分区域使用有机质。

我一般使用树皮堆肥，1 株树施用 5 列，以树冠为中心呈放射状施用，并进行深 20 厘米的中耕。每年还要换一下施肥的地方，3 年就可以将 1 株树周围的土壤都完成改良。

以前施肥时要挖 40 厘米深的沟，但因为表层土中根系发达，所以改为稍浅的中耕。这样可以使根系受伤的数量变少，土壤中混合的树皮堆肥的量变多，所以效果会更好（图 2-8）。

在树冠投影部内外挖深 20 厘米、长 1 米的沟，一共挖 5 条，呈放射状。将完全发酵的堆肥混入土中回填

200 克
钙镁磷肥

土

20 厘米

1 米

沟

树冠

树

土

图 2-8　部分使用堆肥

7 作业顺畅、果实品质提高——间伐好处多

◎ 如何判断密植——你的果园有问题吗

不管枝条如何交错，株距都是影响单位面积产量的重要因素。在开始时期，枝条还不怎么重叠，一般稍微修剪一下短枝，就不会阻碍日常作业。为了提高产量，就这样继续种植，不知不觉枝条就开始伸长并交错重叠，并向上生长。这时，将影响作业的下部枝条修剪掉，也不会阻碍日常作业，就这样不断重复修剪保持着树形。在不知不觉中，柑橘树的下部枝条就不见了，直立枝增多。

在还没有注意到密植弊害的时期，如何判断间伐时间就十分重要了。即使在认为没有密植的柑橘园，也可以通过亚主枝是否是直立枝、枝条交错程度等来判断是否间伐。如果想要收获优质的果实，一定要保证亚主枝是水平枝。如果亚主枝是水平枝，那么还要看它与相邻树的亚主枝的交错程度，来判断密植程度。水平枝有交叉，就要开始间伐了（图2-9）。

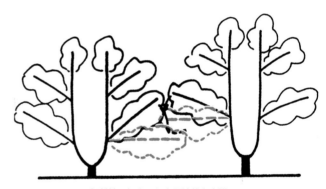

倾斜枝不相交，但水平枝就有交错。
水平枝有交叉，这时就需要间伐了

图2-9　水平枝交叉就要开始间伐了

◎ 千鸟间伐也是密植，现在开始行间伐

千鸟间伐可以让株数减少，株距扩大。原来株距为2.7米。对株距为2.7米的果园进行千鸟间伐，株距变成3.8米，1000米^{2}的田地可以种植68株。株距为2.7米时，相邻树木的亚主枝交叉为50厘米，而当亚主枝基本水平不交叉时，冠幅为3.7米；当株距为3.8米时，随着生长枝条会下垂，又会变成密植状态。

间伐的重要性大家都知道，很多已经进行了千鸟间伐的柑橘园又变成密植状态，这时就不得不进行行间伐。行间伐后株距为 5.4 米，1000 米² 的田地大概能种 31 株。

行间伐和千鸟间伐相比，园内移动更加容易，作业也更加便利。在柑橘园中漫步，伸个懒腰也会很舒服。同时，作业会更方便，柑橘品质也有保障。

◎ 尽早间伐防止产量下降

对准备间伐的树，要进行环状剥皮，收获糖度达 13 度的柑橘，然后第 2 年再砍掉。按照设想进行间伐后，留下的树的果实品质好得惊人，作业也方便，产量也不会减少（图 2-10、图 2-11）。

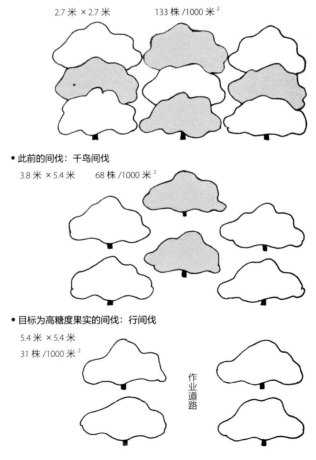

2.7 米 ×2.7 米　　　133 株 /1000 米²

• 此前的间伐：千鸟间伐

3.8 米 ×5.4 米　　68 株 /1000 米²

• 目标为高糖度果实的间伐：行间伐

5.4 米 ×5.4 米

31 株 /1000 米²

作业道路

图 2-10　为生产糖度为 13 度的柑橘进行间伐

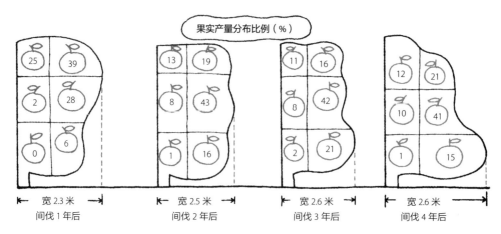

果实产量分布比例（%）

25	39
2	28
0	6

宽 2.3 米
间伐 1 年后

13	19
8	43
1	16

宽 2.5 米
间伐 2 年后

11	16
8	42
2	21

宽 2.6 米
间伐 3 年后

12	21
10	41
1	15

宽 2.6 米
间伐 4 年后

图 2-11　间伐后下垂枝和内部果实增加

对准备留下的树，在间伐后不用进行修剪或只进行轻度修剪。日照充足后，枝条就会下垂，这时再开始整枝。

如果间伐太迟，很多枝条就会长得过大，不能下垂，需要花费数年进行整枝，这期间不得不牺牲果实的产量和品质。

8 防止杂草吸收更多春肥——
提高吸收效率

柑橘树从春肥中吸收的氮素约 60% 用于春梢的伸长、花和幼果的生长发育等，是新枝、叶、花生长发育不可欠缺的养分。

柑橘树在地温超过 12℃后才开始吸收肥料养分，地温越高吸收量越多。若春肥施用过早，地温还不高时，柑橘树很难吸收养分，所以在地温接近 12℃时，也就是 3 月上旬施用春肥的效果最好。不过这个时期地温还是很低的，柑橘树吸收的量其实也不多。而杂草从 3 月开始生长，4 月就已经生长发育得很好了，比柑橘树吸收养分早。因此，春肥中的氮素，柑橘树吸收 23.8%，杂草吸收 14.5%。和秋肥、夏肥相比，春肥被杂草吸收的量最多（图 2-12）。

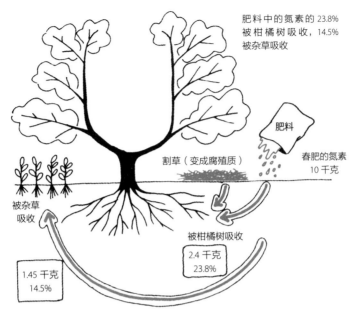

肥料中的氮素的 23.8%
被柑橘树吸收，14.5%
被杂草吸收

肥料

春肥的氮素
10 千克

割草（变成腐殖质）

被杂草
吸收

被柑橘树吸收

2.4 千克
23.8%

1.45 千克
14.5%

图 2-12　柑橘树和杂草吸收的春肥中氮素的比例

　　为了柑橘更有效率地吸收春肥，要通过割草等措施抑制杂草的生长发育。也有一种说法就是在 3 月时，柑橘园如果是裸地，那么随着地温上升，柑橘发芽就会提前。因此，连带着除草进行较浅的中耕对柑橘生长发育有一定效果。如果进行深 10 厘米的深耕可能会导致落叶，所以此时中耕必须浅一些。

⑨ 除草剂的使用时间

　　因为改植繁忙而耽误了除草时，一般会用除草剂进行除草，这总比放任杂草无限生长要强（图 2-13）。

　　春季杂草一般都是阔叶类。选择适合多种杂草的除草剂比较好。因为错过了杂草的生长期，若在 3 月喷洒了除草剂，4 月之后还会有杂草残留。如果只喷洒 1 次那就在 4 月中旬喷洒。如果也想抑制 3 月的杂草生长，那就在 3 月初和 4 月中旬各喷洒 1 次。

• 利用除草剂进行生草管理

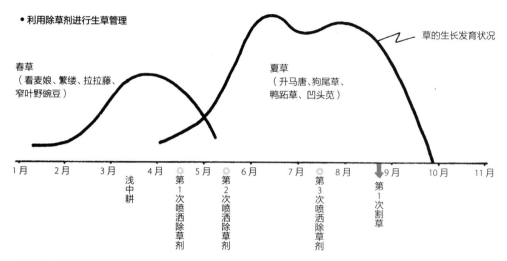

草的生长发育状况

春草
（看麦娘、繁缕、拉拉藤、
窄叶野豌豆）

夏草
（升马唐、狗尾草、
鸭跖草、凹头苋）

1月　2月　3月　4月　5月　6月　7月　8月　9月　10月　11月

浅中耕

◎ 第 1 次喷洒除草剂

◎ 第 2 次喷洒除草剂

◎ 第 3 次喷洒除草剂

第 1 次割草

图 2-13　利用除草剂进行生草管理

10 整枝、修剪

◎ 不要对修剪抱有太高期待

（1）改善隔年结果要靠疏果而不是修剪　预计开花比较多的树，为了让营养枝数量增多，对抽枝的 2~3 年生结果母枝要全部进行预备枝修剪。但是，即使进行了预备枝修剪，前一年的营养枝（没有开花的枝条）特别多的树，或是肥料少、树势弱的树，也可能只开花但不抽出营养枝。但对着花多的树，采取预备枝修剪这一修剪对策，可能无法改变隔年结果现象。

坐果的枝条或是疏果的枝条肯定会抽出营养枝，预备枝修剪利用果梗枝或是落花落果枝是最为有效的方法。隔年结果明显的树一般果梗枝都少，即使进行了预备枝修剪，也很难抽出营养枝（图 2-14）。

图 2-14　从落花落果枝抽出的营养枝

知识点　**预备枝的修剪**

着花多少和抽出营养枝数量成反比，着花多的树不怎么抽出营养枝，着花少的树会抽出许多营养枝。营养枝是从果梗枝或是落花落果枝上抽出的。着花多的树不怎么抽出营养枝，落花落果枝和果梗枝变多，因此第 2 年着花会变少时，落花落果枝和果梗枝上抽出的营养枝就会比较多，着花数量就是这样隔年反复变多变少的。

对预备枝进行修剪时，要对着花可能多的树进行疏花，让营养枝增多，这是改善隔年结果现象的一种方法。修剪要趁早，修剪越多，营养枝就越多（图 2-15）。

①疏春梢

- 前一年着花（坐果）少
- 没有抽出夏梢的树势弱的树
- 预备枝的效果小

②疏夏梢

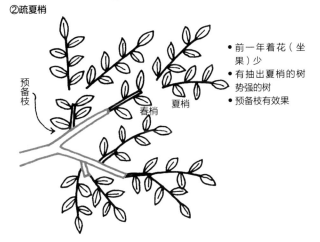

- 前一年着花（坐果）少
- 有抽出夏梢的树势强的树
- 预备枝有效果

③果梗枝的回缩修剪

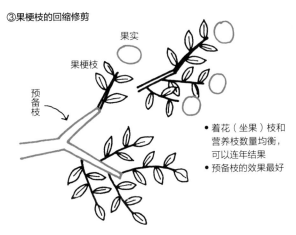

- 着花（坐果）枝和营养枝数量均衡，可以连年结果
- 预备枝的效果最好

图 2-15　预备枝的修剪

重修剪虽然可以让新梢伸长变好，但是不能增加新梢的数量。相反若修剪强度不大，着花多新梢数量也会增多。总而言之，修剪强度大，新梢品质上升但数量变少，修剪强度小，新梢品质不佳但数量变多（图2-16）。

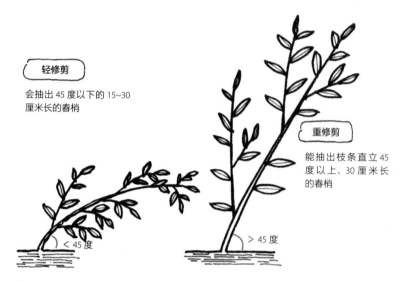

轻修剪

会抽出45度以下的15~30厘米长的春梢

重修剪

能抽出枝条直立45度以上、30厘米长的春梢

< 45 度

> 45 度

图 2-16　重修剪和轻修剪对枝条生长的影响

不进行修剪的树的营养枝长度较短但是数量多。这样的树也要进行疏果，因为果实少了贮藏的养分充足，营养枝就会增多，树整体着花也会增多，就不会出现隔年结果。改善隔年结果的情况，比起期待修剪效果，不如做好疏果更有效。

（2）**如果不想让枝条伸长就不要进行修剪**　树龄小或是树势强的品系一般枝条都伸长较好，通过修剪可以使枝条变短。

但是，修剪也会让树势不断增强，枝条伸长更快。如果修剪的目的是让树形变小，可能会造成和期待相反的效果。

如果不想让枝条伸长，一定不要修剪。已经伸长的枝条如果枝条顶端下垂，从弯曲的部分长出的枝条特别强势，能够挡住上面部分。枝条一旦下垂，一般就是树扩张的极限了，之后只会更新枝条但不会再长大了。

（3）**让花减少的修剪会让果实品质下降**　为了让阳光照射进树的内部，侧枝的修剪多以回缩修剪为主。回缩修剪会让花减少，但是枝条会再次伸长。因为枝条变强，花芽变少，果实容易变成超大果，果皮容易粗糙。

如果无视着花，只考虑让树冠内部的光照环境变好而进行回缩修剪，光照变好的地方果实品质提升，但是修剪的枝条上的果实品质下降，果实品质差异较大。

◎ 隔年修剪

　　未经修剪的树很难进行疏果或是采摘等作业。在喷洒药剂时也很难喷得均匀，会导致病虫害的防治效果变差。所以，修剪确实能让生产效率提高。但是如果修剪过重，抽出的夏梢就会变多，作业不便，产量也会下降。

　　着花少的树，枝条生长旺盛，因为果梗枝上的大果多，果实容易变成特大果，果皮粗、品质差。对着花少的树进行修剪，会让枝条不断生长，结出很多品质非常差的果实。修剪时要根据着花的多少来判断修剪的程度和方法才会取得效果，无视着花的修剪弊大于利。

　　我比较了一下隔年修剪和每年修剪的树的果实品质和产量。隔年修剪的树，在修剪年对直立枝和侧枝都进行重修剪，第 2 年完全不修剪。长期持续隔年修剪的树比每年修剪的树的产量要稳定得多，作业也更方便。

　　对营养枝多的树进行以回缩修剪为主的重修剪，对营养枝少的树进行以疏剪为主的轻修剪。考虑到着花程度，如果不改变修剪的强度和方法，还是隔年修剪更能达成目的。

◎ 初学者该怎样修剪

　　（1）比起树形更要考虑枝条的作用　柑橘树的基本树形是：将圆三等分，打造 3 根主枝。主枝是直立枝。

　　主枝和 2 根亚主枝互不交叉。第 1 亚主枝从距地面 1 米的地方抽出，第 2 亚主枝是在距第 1 亚主枝 1 米处抽出。亚主枝上有侧枝，第 1 亚主枝将地上 1 米的空间填满，第 2 亚主枝将地上 2 米的空间填满（图 2-17）。

　　趁着树龄小让主枝长出侧枝，随着树龄变大，亚主枝伸长，这时可以修剪侧枝让树冠内部采光变好。

　　上述就是基本的树形。可以按下面的方法打造树形。可将主枝看作一种辅养枝。有 3 根就能很好地利用空间，树冠内部采光也好，3 根是最理想的，2 根也可以。亚主枝和侧枝会将空间占满，是可以提高果实产量的枝条，在地上 1 米高度内留 5~6 根。

　　树形是非常重要的，亚主枝上不能有大的直立枝。因为它会遮挡下面枝条的阳光，导致下面的枝条枯萎。还会碰到上面的枝条，让上面的枝条不得不越长越高，很多果实长在高的地方，疏果和采摘都会十分困难（图 2-18）。

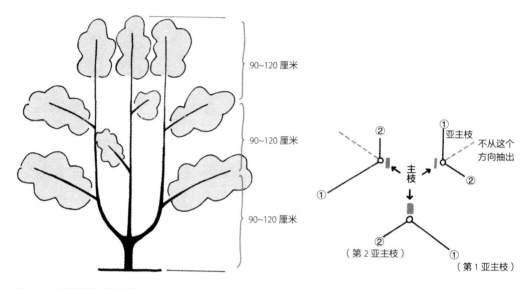

图 2-17　温州蜜柑的基本树形

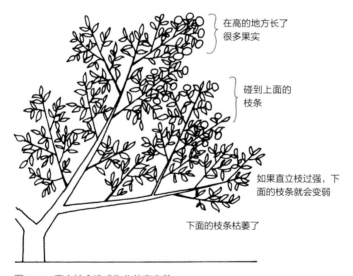

图 2-18　直立枝会造成作业效率变差

（2）**怎样用剪刀或锯剪枝**　想用剪刀剪断直径为 2 厘米的枝条不容易，即使是双手用力也很难剪断。但是，在剪刀剪的地方，用左手将枝条压向剪刀刀刃厚的一边，一边压一边剪，就很容易剪断。诀窍是压枝条的手比用剪刀的手更用力（图 2-19）。

枝条过粗时，锯可能比剪刀更容易操作。将锯慢慢压下去，拉锯时用力就很容易切掉。使用锯的诀窍是，从锯刃基部到前端都要用上，拉锯时要用力。

用锯切比较粗的枝条时，先从下方切掉 1/3，再从上方切枝条就不会裂。如果没有自信一次切断，可以再切一次，这样一下就能切断了。

（3）**回缩和疏剪造成不同的枝条伸长和着花**　从枝条中间，芽的附近切掉枝条叫回缩，从枝条分叉处切掉 1 根分叉枝叫疏剪（疏枝）。

图 2-19　用剪刀剪枝时左手用力更好操作

回缩是因为枝条伸展能力过强，疏剪是因为坐果太多。疏剪中，如果切掉的枝条比留下的枝条的直径粗，那就接近回缩。

着花少的树，如果回缩多了，花会越来越少，营养枝越来越多。相反，如果着花多的树疏剪过多，虽然开花多，但新叶和营养枝都会减少（图 2-20）。

（4）**强枝和弱枝的修剪**　直径相同的枝条，与水平的夹角角度越大枝条长势越强。角度相同时，枝条直径越大，伸长越多的枝条长势越强。

强枝经过回缩会变得更长。根据枝条的强度来配合修剪的强度，可以调节枝条长度（图 2-21）。

（5）**修剪的强度用着花的多少来判断**　在修剪前，只需判断是着花多的树还是着花少的树。前一年着花少、营养枝（没有着花的枝条）多的树，今年着花会多。着花多的树即使修剪了枝条，果实产量和品质也不会下降。

1）着花多的树的修剪。这种树枝条拥挤重叠，喷药困难。对直径为 2~3 厘米的直立枝，一定要疏剪。枝条拥挤时，要从最碍事的枝条开始疏剪。还有其他挡住树冠内阳光的枝条要从水平枝的地方回缩。枝条的修剪量有一抱（两臂合围的量）那么多就可以结束了。

修剪的枝条如果没有一抱那么多，那就对直径为 1~2 厘米的枝条进行回缩。花多的树，抽出营养枝是目的，留下结果枝和疏过果的枝条，并对这些枝条进行回缩。

2）着花少的树的修剪。如果想修剪的枝条上有营养枝也是不能修剪的。所以基本无法修剪。

如果想提高修剪能力，最好自己亲自修剪，然后观察修剪后的枝条的生长情况，积累经验（图 2-22~图 2-26）。

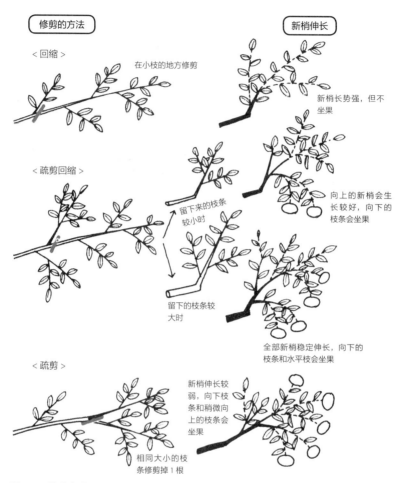

图 2-20　修剪方法不同，新梢生长差异会很大

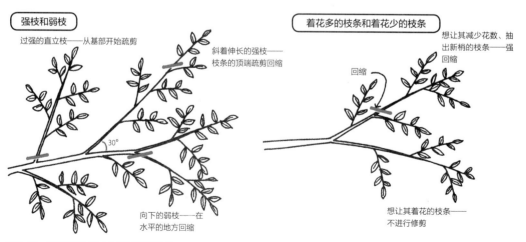

图 2-21　枝条强弱的区分及其修剪方法

图 2-22　疏剪直立枝

直立枝（①）的直径会渐渐比水平枝粗。如果现在不进行疏剪，以后修剪就很困难了

图 2-23　侧枝上的直立枝疏剪

有①和②2 根直立枝。首先疏剪大的直立枝①，第 2 年再疏剪②

图 2-24　过长的水平枝回缩

在①处回缩是最理想的。轻度修剪回缩到①，1 年以后回缩到②

图 2-25　回缩能让附近枝条长势变强

如果从基部抽出的枝条很弱时，要再次在①处进行回缩

图 2-26　对为了抽出营养枝而留下来的果梗枝进行回缩

◎ 比起小枝要多留意大枝——修剪前进行整枝

在用剪刀剪断小枝前，不调整组成骨架的大枝，修剪是没有效果的。在修剪前整枝是很关键的一步。

在有关修剪的研讨会上，比起人枝如何整枝，更多的人关注的是小枝如何修剪。虽然也有修剪大枝的勇气，但是还是小枝更简单。如果比起大枝，更在意小枝如何修剪，不知不觉就会变成无法产出优质柑橘的树形。

比起修剪更需要整枝的树，一般都是枝条直径在 3 厘米以上、直立枝多的树（图 2-27、图 2-28）。

图 2-27 直立枝过多，需要整枝的树　　图 2-28 直立枝较少，没有必要整枝的树

（1）**关注枝条拥挤的地方**　枝条直径超过 3 厘米、直立枝过多的树，都会有几个地方枝条十分拥挤。从远处眺望，观察一下就能发现。

（2）**找出枝条拥挤的原因**　一般都是直立枝导致的拥挤。也有一些是因为侧枝过多造成的。

（3）**弊害最大的枝条是哪种**　侧枝多造成的拥挤和直立枝多造成的拥挤相比，直立枝的弊害更大，直立枝越大弊害越大。

（4）**在枝条什么部位修剪**　直立枝越大下部的枝条越弱，照不到阳光的枝条甚至会枯萎。为了让下部枝条光照条件更好，同时为把流向直立枝的养分分给下面的枝条，或是对直立枝进行回缩，或是从枝条基部进行疏剪（图 2-29）。

1）这种情况要进行疏剪。当直立枝基部的直径比长出直立枝的枝条的直径小时，或者直立枝下面有长了叶子的枝条时，要将直立枝从基部切除。如果将从切口处抽出的徒长夏梢当作侧枝来用，修剪处立刻就有新枝补充上来。

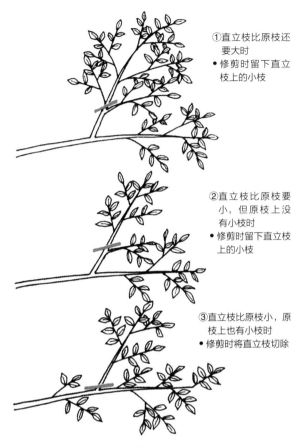

①直立枝比原枝还
　要大时
• 修剪时留下直立
　枝上的小枝

②直立枝比原枝要
　小，但原枝上没
　有小枝时
• 修剪时留下直立枝
　上的小枝

③直立枝比原枝小，原
　枝上也有小枝时
• 修剪时将直立枝切除

图 2-29　直立枝的状态和修剪的方法

　　2）这种情况要进行回缩。如果直立枝下面的枝条枯萎、不长叶子，或是直立枝的直径比原枝要大时，将直立枝疏除后，下部枝条会很弱，所以这时应该采取回缩的方法。在直立枝中间进行回缩时，因为无法照到阳光，或是芽出不来，所以在修剪时要改善下部枝条的光照条件。最好不要考虑在哪里回缩最合适这样的问题。如果直立枝的基部能抽出新枝就是成功。回缩后因为长势比较弱所以无法抽出新枝时，第 2 年最好再进行 1 次回缩。

　　（5）**全树的修剪最好不要过多**　对直立枝过多的树，若一次完成整枝，修剪过多的树长势会变弱。大枝的修剪比小枝修剪更能改善树冠内部的光照条件，效果更明显。

　　修剪多少根据树的大小不同而不同，但是修剪掉的枝条最好只有一抱。所以如果修剪大枝那么就不要再做其他修剪了。

◎ 根据树的情况使用合适的修剪方法

（1）**修剪以枝条伸出角度来判断**　直径为2厘米的枝条，按从侧枝上伸出来的角度分为"直立枝""斜上枝""水平枝""斜下枝"等。与原枝所成角度越大，枝条长势越强。

1）"直立枝""斜上枝"。与原枝所成角度在30度以下的枝条，不会比原枝的直径更粗。角度在30度以上的枝条，在修剪时比起回缩，一般采用疏剪。变成强枝后，对着花多的树进行疏剪。着花少的树，强枝上多有营养枝，所以不进行修剪，让其结果，第2年再进行疏剪。

2）"水平枝"。水平枝是最理想的枝条。随着生长，顶端下垂，从弯曲的地方长出的枝条变强。要进行回缩，尤其是枝条比较小时（图2-30）。

3）"斜下枝"。枝龄老化后，枝条基部的小枝会消失，这时要进行疏剪（图2-31）。

（2）**在希望结果的地方修剪**　回缩对果实膨大很有效果。极早熟的品种树势弱、树龄老时，回缩会让弱果和小果增加。而树势强、枝条伸长好的品种，强回缩会让果实过分膨大。

最困难的是判断在枝条的什么位置修剪才能得到适当大小的果实。根据经验，枝条长度是分叉部分周长的10倍时最合适。当然，这个经验要根据树势和品种适当调整一下（图2-32）。

例如，日本爱媛县的鱼海先生以直径为1厘米的枝条为单位进行修剪，将用作果梗枝的预备枝和结果母枝上的枝条各留一半，修剪后从果梗枝长出15~20厘米长的优质营养枝，结果母枝坐果多，连续7年产量增加。这种做法的效果也不错。

回缩修剪

图 2-30　顶端下垂、变弱的侧枝
下垂处长出的枝条很强，水平枝会很自然地更新枝条

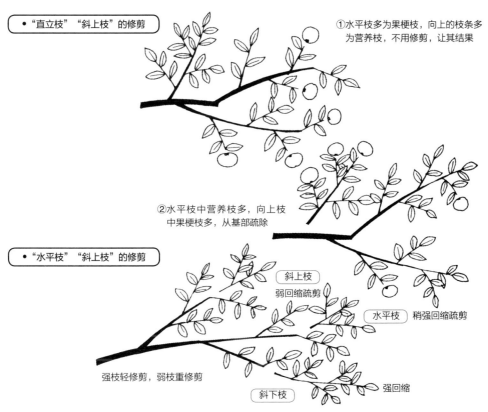

● "直立枝""斜上枝"的修剪

①水平枝多为果梗枝，向上的枝条多为营养枝，不用修剪，让其结果

②水平枝中营养枝多，向上枝中果梗枝多，从基部疏除

● "水平枝""斜上枝"的修剪

斜上枝
弱回缩疏剪

水平枝　稍强回缩疏剪

强枝轻修剪，弱枝重修剪

斜下枝　强回缩

图 2-31　枝条伸展方向和修剪

是分叉部分枝条周长的10倍长

剪切

剪切

10倍的长度

● 枝条长度是分叉部分周长的 10 倍时最合适

图 2-32　最合适的枝条长度是分叉部分周长的 10 倍

◎ **大津 4 号、青岛温州蜜柑——树势强的品种的修剪**

（1）**首先拉开株距**　水平伸展的第 1 亚主枝的顶端下垂时的冠幅，是该土壤环境和气候环境下柑橘生长发育的最大极限。在我所在的地区，大津 4 号或青岛温州蜜柑的冠幅大多在 5.5 米左右。当树与树之间不能保持生长发育所需的种植距离时，必须通过修剪让其保持距离才能保证果实的品质。先通过间伐来保持株距充足，轻度的修剪是必要的。

（2）**弱侧枝是萌动枝**　大津 4 号、青岛温州蜜柑、久能温州蜜柑等品种的直立枝上结出的果实过大、果皮粗、着色迟，还容易出现浮皮果。下垂枝或斜下枝上的果实更多，而且不容易长得过大，不论是外观还是品质都非常好。

结果的侧枝以水平枝或向下的枝条为主。用常用品种的修剪方式来修剪这样的弱侧枝，果实就只能作为再加工的原料柑橘来使用了。

（3）**隔年修剪最合适**　从树形上来讲，只有亚主枝顶端水平、水平侧枝多的树形才能结出优质的果实。侧枝上直径超过 3 厘米的直立枝需要修剪。侧枝上直径不到 2 厘米的枝条即使是直立枝也可以留下。下垂枝或是斜下枝，只要不是特别弱都不用修剪，这样会成为枝条重叠、结果层厚的树形。比起回缩一般使用疏剪，修剪一般为轻修剪（图 2-33）。

着花少的果梗枝上容易长出很多肥大的果实，修剪一定要根据着花多少来判断。预测着花不多的树最好不要修剪。如果非要修剪最好隔年修剪。

（4）**利用徒长枝控制树势**　对亚主枝或侧枝上的直立枝进行疏剪，修剪后会长出徒长枝。可以对正上方长出的枝条进行疏剪，不过斜向上长出来的徒长枝就可以让其继续生长并结果。出现徒长枝是树势强的证明，如果不利用徒长枝，而是将徒长枝处理掉，树势会一直不稳定。徒长枝上不会有很多小枝结出许多果实。留下的徒长枝如果不能作为侧枝来使用，那就要修剪掉。另外，如果预测有些小枝会变得很强势或很碍事，那么还是要趁早疏除。相反，如果疏剪较迟，下部枝条就会变弱，所以枝条直径达到 3 厘米就要进行疏剪。

◎ **极早熟温州蜜柑——树势弱的品种的修剪**

（1）**促进"水平枝""斜上枝"的生长**　如果亚主枝不是直立枝，那么亚主枝上的大侧枝就不能留，这是整枝的基础，对其他品种也如此。但是，角度为 30 度以下的斜向上生长的枝条上的果实不会过大。可以打造水平枝、斜上枝为主的薄果层的树形。

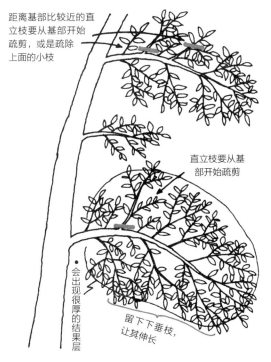

距离基部比较近的直立枝要从基部开始疏剪，或是疏除上面的小枝

直立枝要从基部开始疏剪

会出现很厚的结果层

留下下垂枝，让其伸长

图 2-33　大津 4 号、青岛温州蜜柑的修剪重点

对重叠枝或向下枝进行疏剪。侧枝下垂的地方要进行回缩。营养枝多的侧枝，为了让其结果可以不进行修剪，但是前一年结果的侧枝，留下的果梗枝要进行回缩，这样才能抽出更多新梢。过长的侧枝进行回缩后，树冠内光照条件改善。小叶弱枝进行回缩后，芽的数量减少，更有利于新梢伸长（图 2-34）。

（2）枝条复壮不要依赖修剪　枝条复壮的手段有修剪和施肥两种。对树势较弱的品种，常常只依靠修剪来调整树势。即使进行了修剪，若抽出的新梢还不如修剪掉的枝叶多，对这样的树就要进行土壤改良，促进根系发育，施肥量也要增加，因为不增强树势就无法提高产量。

◎ 采用让果实在树上完熟的栽培方式——对树势弱的品种进行轻修剪

让果实在树上完熟可以减少浮皮果，果实也会更好吃。浮皮果不怎么发生在小果子上，所以最好让弱侧枝结出许多果梗枝细的果实。这样果实的大小会降一个等级，但不容易产生浮皮果。所以如果不和树势强的品种进行一样的修剪，在树上完熟的栽培方式就结不出好吃的果实。顺便一提，一般采用让果实在树上完熟的栽培方式的早熟温州蜜柑品种的树势并不强，所以必须多施肥，不然无法形成适合这种栽培方式的树形。

如果树势强、修剪重，就很难形成适合这种栽培方式的树形。

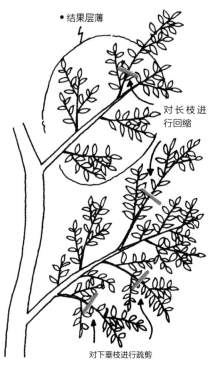

图 2-34　树势弱的品种的修剪要点

第 3 章

从发芽到开花结果的日常作业

1 疏蕾和早期疏果

从长果实的枝条（果梗枝）或是落花落果枝上会长出营养枝。之前没有开花的枝条（营养枝）上也会开花。如果无法平衡着花枝条和不着花枝条的数量，可能造成隔年结果的现象。为了改善隔年结果现象，要保持好这种平衡（图3-1）。

如果着花过多，基本上就不会抽出营养枝，这样的树可以在5月进行疏蕾，就能有效改善隔年结果的现象。

◎ 不费时的疏蕾作业

疏蕾时，光看花蕾数量可能会有"太费工夫了，根本干不了"的想法，因此而放弃的人也不少，但其实一旦做起来就会发现其实很有效率。从花蕾上方一压花蕾就能疏掉。但一旦开花了就很难疏掉，疏花很费工夫，所以要趁着没开花赶紧做。疏蕾的最佳时间是在花蕾膨大到开花前的10天内。疏1株树的花蕾其实用不了多久，一般需要20~30分钟。疏蕾时要注意，枝条直径为1厘米，向上生长的侧枝上的花蕾要全部疏掉。完全没有抽出营养枝的侧枝，在疏蕾后10天内就会抽出新梢（图3-2）。

图3-1 需要疏蕾的树（着花过多的树）

图3-2 落花落果枝抽出的新梢

◎ **通过 2 年的疏蕾就能改善隔年结果的现象**

着花过多的树经过一次疏蕾就能改善隔年结果的现象。但是，不管第 2 年的花有多少，疏果要迟。而且，修剪时要把落花落果枝或果梗枝当作预备枝来对待。那么下一年再疏 1 次蕾，就基本上能改变隔年结果的现象了。

疏蕾是改善隔年结果的应急手段。土壤改良、适当施肥，充分疏果等基础工作也要做好，这才是改变隔年结果的重要基础条件。

2　让生理性落果变少的疏芽

着花多的树第 2 年着花一般都会少。对着花少的树应尽量让生理性落果减少，这样可以保证产量。

生理性落果一般是花和新叶之间或是幼果和新叶之间争夺养分的结果，新梢、新叶使用的养分多，花和幼果使用的养分就会减少，从而导致落花（落果）。持续阴天也会让同化作用减少，让落果增多。但是，如果将新梢伸展和新叶展开使用的养分用于花和幼果，生理性落果就会减少。

营养枝比着花枝条多的树，对着花枝条附近的营养枝进行疏芽，生理性落果就会减少。疏芽的时期越早效果越好。新梢伸展、新叶展开后，新叶也会产生养分供给幼果，这个时期再进行疏芽就没有什么效果了（图 3-3、图 3-4）。

图 3-3　着花较少的树需要疏芽

图 3-4　花和营养枝数量平衡的树

3 在开花期防治果实病虫害

在疏果时，即使想留下外观漂亮的果实，如果带伤的果实较多恐怕也难如愿。特别是着花少又没有进行病虫害的防治工作时，疏果尤为困难。

◎ 访花害虫——根据发生规模进行 1~3 次防治

在开花时就能给幼果造成伤害的害虫有花潜金龟子和露尾甲科昆虫，它们在暖冬年份暴发较多，因为土壤改良而在果园中施用有机质或是在铺稻草的果园尤其容易暴发。年份不同，发生规模不同，根据发生规模来选择防治时期和次数。

全部的花都出现虫害时，要在开花初期、开花 7~8 分、满开时进行 3 次防治；5~6 成的花出现虫害时，要在开花 3 分、满开时进行 2 次防治；2~3 成的花出现虫害时，要在开花 5~6 分时进行 1 次防治。

◎ 灰霉病——抓住防治时期进行 2 次防治

灰霉病的传染源是花瓣，白色的花瓣在掉落时雨比较少，花瓣会变成茶褐色，在湿度高时暴发灰霉病。在无叶花变硬后开的树上经常暴发本病。

最佳防治期是在花瓣将落时期和生理性落果时期（花瓣掉落后的 2~3 周后），进行 2 次防治。要在花瓣不容易掉落时进行防治。如果有茶褐色的花瓣沾在果实上，最好使用对黑点病也有效的药剂。

4 施用夏肥不要过早也不要延迟

夏肥中的氮素有 39% 会被柑橘树吸收。春肥中氮素被柑橘树吸收的比例是 23.8%，所以夏肥的效率接近是春肥的 2 倍。也就是说，即使施用夏肥的量只有春肥的 1/2，柑橘树吸收到的也就比春肥少一点儿。即使施肥量少，树也能吸收很多。所以，为了少施肥又让肥料达到效果，要好好利用夏肥（图 3-5）。

　　虽说夏肥施用延迟也有效果，但是果实品质会下降。早施用夏肥是很重要的。早熟温州蜜柑在 5 月 20 日左右施用，最迟也要在 5 月下旬施用。普通温州蜜柑在 6 月初施用，最迟也要在 6 月上旬完成。过早或过晚效果都不好。夏肥施肥量占全年化学肥料施肥量的 15%~20%。

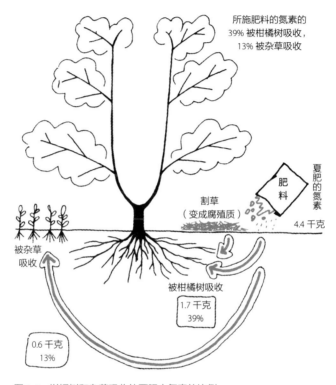

所施肥料的氮素的
39% 被柑橘树吸收，
13% 被杂草吸收

夏肥的氮素

肥料

割草
（变成腐殖质）

4.4 千克

被杂草
吸收

被柑橘树吸收

1.7 千克
39%

0.6 千克
13%

图 3-5　柑橘树和杂草吸收的夏肥中氮素的比例

5　对果实少的树来说夏肥是毒药

　　产量少的树，果梗枝上肥大的果实多，会成为个头大、果皮粗的果实。施用夏肥后，更会往这个方向发展，所以最好别施夏肥。

　　但是不施用夏肥的树到了秋季，叶子中的氮素就会变少，第 2 年着花好的新梢就不多，所以最好还是用秋肥补上夏肥的缺少部分。

6 夏肥的施用量由春肥后的降雨量决定

施完春肥到夏肥施前这段时间，如果降雨量不足 120 毫升，那么土壤中的氮素还会残留很多。如果再施用夏肥有可能导致土壤中的氮素过多，导致果实品质下降。

相反，若施完春肥后降雨量超过 200 毫升，则春肥中的氮素基本已经流失；降雨量超过 260 毫升，土壤中基本不残留春肥的氮素。在这两种情况下，如果不施用夏肥，对果实膨大都有不好的影响。

7 割草迟会让 夏肥见效迟

柑橘园中施的肥，基本都被柑橘树和草吸收了。将割下的草铺在树底下，草腐烂后肥料成分会再回归到土中并被柑橘树吸收。草的肥料成分大约有 70% 都会在 3 个月中回归到土中（图 3-6）。在施用夏肥时割草是很重要的，但是在施用后草大约会生长 30 厘米，所以要尽早割。如果割草太迟，进入 10 月后，肥料才开始起作用，果实品质就会下降。

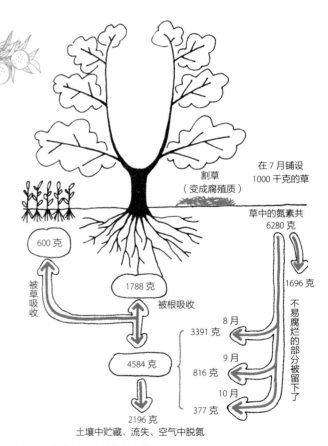

割草
（变成腐殖质）

在 7 月铺设
1000 千克的草

草中的氮素共
6280 克

600 克

被草吸收

1788 克

1696 克

被根吸收

不易腐烂的部分被留下了

8月
3391 克

9月
816 克

4584 克

10月
377 克

2196 克

土壤中贮藏、流失、空气中脱氮

图 3-6　氮素从草中回归到土壤中

8 怎样施用夏肥，果实品质才不会变差

柑橘的价格便宜，施肥就会变少。这是隔年结果最大的原因。虽然要使用少量的肥料供应 1 株健全的树的生长发育，最有效的是利用夏肥，但是很多人都担心果实品质变差所以省掉了夏肥。

为了更有效率地利用夏肥，必须要改良种植技术（图 3-7）。

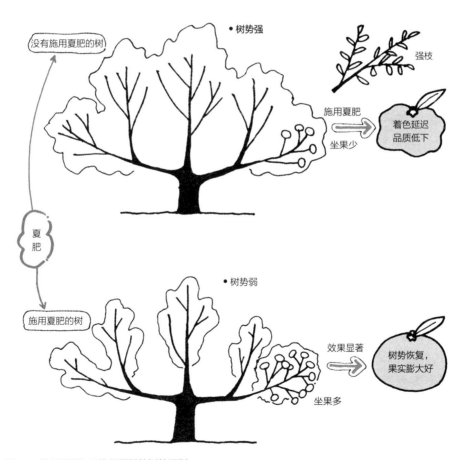

图 3-7　施用夏肥和不施用夏肥的树的区别

◎ 对直立枝上果实多的树

从直立枝上抽出的新梢，非常长且强。水平枝和直立枝相比，新梢的长度稍短。下垂枝条上基本不抽出新梢，即使抽出了也是比较短的居多。柑橘树吸收的肥料成分基本都供给直立枝了。所以，直立枝上果实多的树很容易受到夏肥的不好影响。将树形改造成水平向下的枝条多的树，即使施用夏肥果实品质也不会变差。

◎ 对施用秋肥迟的树

收获后施用秋肥，因为地表温度下降，在秋季吸收不了时营养成分会残留在土壤中，等到春季再继续被吸收。也就是说，施用秋肥迟，就会和春肥被吸收的时期重合。给这样的树施用春肥，就相当于在春季施用了全年用化肥量的80%。柑橘树吸收不了的，就会残留在土壤中。等到夏季再施用夏肥，土壤中的肥料就会越来越多，导致果实品质低下。

9 枝别疏果控制树势和结果

◎ 枝别疏果改善隔年结果现象

疏果有两个目的，一是可以改善隔年结果的现象，二是可以保证收获好的果实。在疏果前要区分这两个目的，不然容易出现"由于疏果导致果实过大、品质低下"这样的情况发生。

枝别疏果是为了改善隔年结果的现象，坐果过多就不容易抽出新梢，所以只对担心第2年着花状况不理想的树使用。抽出夏梢就算成功了。在秋季持续晴天时，夏梢也会开花。枝别疏果进行越早，见效越好，以在开花结束后，幼果落果时进行最好。极早熟、早熟温州蜜柑在5月下旬~6月中旬进行，普通温州蜜柑在6月初~6月下旬进行（图3-8）。

将直径在 1 厘米左右的枝条上的向上生长的侧枝或斜向上生长的侧枝上的果实全部疏除。水平侧枝上如果只有 1~2 个果实也要全部疏除。无叶果用拇指按压就能摘掉。长有 5~6 片及以上新叶的有叶果在这个时期也要疏果，然后当作结果母枝来使用（图 3-9）。

对有 50% 的枝条直径在 1 厘米的枝条进行疏果，隔年结果现象就会变少，但是相当辛苦。所以可以只在手能碰到的高度内进行疏果，然后将在疏果时期树上部那些枝条直径在 2 厘米的大枝条的果实全部疏掉，这样比较有效率。

直径为 1~1.5 厘米的枝条上小枝数量很多，将果实全部疏除，第 2 年就会结果

图 3-8　枝别疏果

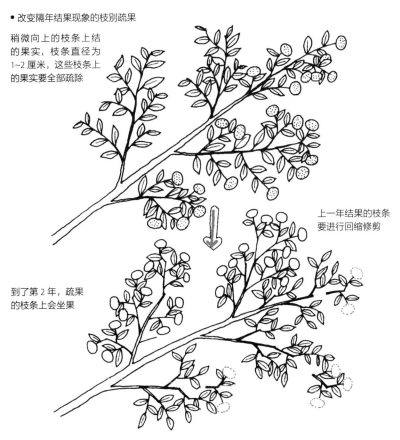

● 改变隔年结果现象的枝别疏果

稍微向上的枝条上结的果实，枝条直径为 1~2 厘米，这些枝条上的果实要全部疏除

上一年结果的枝条要进行回缩修剪

到了第 2 年，疏果的枝条上会坐果

图 3-9　改善隔年结果现象的枝别疏果

◎ 对果实容易偏大的品种进行枝别疏果

大津 4 号、青岛温州蜜柑、久能温州蜜柑都是果实偏大的品种。为了防止果实过大，最好让弱侧枝上多结果。如果果实超过规格，可以让其结 10 个果甚至 20 个果。不过这样，对树造成的负担会过重。充分结果的枝条要和全部疏除掉果实的枝条区别开。这就是枝别疏果、枝别群坐果，这种方法每年能生产出高质量的果实（图 3-10）。

枝别疏果在 6 月初~6 月下旬进行。将直立枝上的果实全部疏除。若斜向上的侧枝上只长了 5~6 个果实，要全部疏除，但要留下有 10 个以上果实的枝条。

另外，长了 7~9 个果实的侧枝如果比较弱，果实向下生长，那么可以留下果实。但是对水平枝和斜下枝上的果实多的树，要疏除全部斜向上枝条上的果实。

向上生长的侧枝的果实全部疏除后，进行枝条修剪比较好，但如果直立枝比较

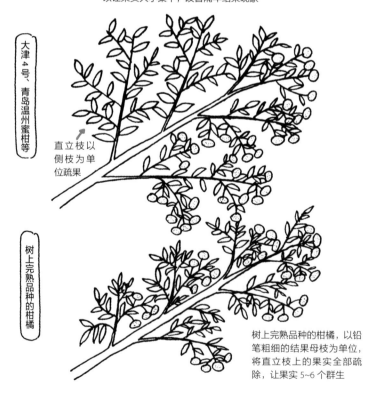

大津 4 号、青岛温州蜜柑，通过枝别疏果形成的群坐果可以让果实大小集中，改善隔年结果现象

大津 4 号、青岛温州蜜柑等

直立枝以侧枝为单位疏果

树上完熟品种的柑橘

树上完熟品种的柑橘，以铅笔粗细的结果母枝为单位，将直立枝上的果实全部疏除，让果实 5~6 个群生

图 3-10　大津 4 号、青岛温州蜜柑的枝别疏果

少，水平侧枝上的果实会变大。所以，修剪要轻，结果层要厚，不然很难光通过疏果来生产优质果实（图 3-11）。

图 3-11　果实容易偏大品种的结果方式

◎ 对果实在树上完熟的品种也要进行枝别疏果

对可以让果实在树上完熟的品种，让弱侧枝上长很多果实，生产 S 至 M 级的果实，这样可以有效抑制浮皮果的发生。向下或水平侧枝多的树，如果着花不多，想要让果实在树上完熟也很难（图 3-12）。

如果让果实在树上留到 12 月，可能会导致树势低下的树隔年结果。所以要通过枝别疏果尽早减轻果树坐果的负担。枝别疏果的时期是 5 月下旬~6 月中旬。

对直立侧枝或是就长了 2~3 个果实的斜向上的侧枝要全部疏果。但是，即使是斜向上的侧枝，如果长了 5~6 个果实就可

图 3-12　树上完熟品种的结果方式

以留下来。不过水平侧枝上果实多的树，斜向上的枝条上的果实要全部疏除。

如果结果枝一直没有按设想的那样进行疏果，隔年结果的现象就会很严重。

10 为了生草管理方便，在梅雨期前割草

为了防止梅雨期的水土流失，在梅雨期需要让草长着。但是为了进入梅雨期后的生草管理更轻松，在梅雨期结束时要确保草的高度在 30 厘米以下。当草高超过 30 厘米时，使用除草剂的效果就很差，割草又很费劳动力。所以若在进入梅雨期前草就长到了 20 厘米高，那么在梅雨期来临前一定要割草。

11 黑点病的发展取决于梅雨期前的防治

黑点病容易在 24~25℃的多雨天气中传播，所以梅雨期快要来临前进行黑点病的防治是很关键的。在这个时期，黑点病不仅感染果实还会感染枝条，枯萎的枝条会变成传染源，继续传染给果实，所以在梅雨期来临前一定要进行防治。

黑点病防治用的药剂一般是预防型的，需要在感染黑点病前喷洒，不然没有效果。

在 5 月中旬落花期的防治后的 25 天左右是进行防治工作的最佳时期，但也可能那个时候已经开始下雨没法防治了，宁可在 20 天左右就开始计划防治。即使预定日下雨，到 25 天左右也可以进行防治。

喷洒药剂后，若降雨量超过 300 毫升，药剂的持续效果就不在了，必须再次喷洒。

如果梅雨期的防治工作进行得不好，黑点病的发生就会增加。正因为在梅雨期，在药剂喷洒后的 1 周内，降雨量多数会达到 300 毫升。所以最好等到持续放晴时再进行防治工作，不过黑点病也会随着雨水传播，所以最好在雨前进行防治工作，不然容易让黑点病传开。

黑点病会导致枝条不断枯萎，然后传染给果实。将枯枝剪除之后，耕种性的防治效率比较高。特别是着花多、落花的小枯枝多时，离果实近很容易传染给果实。疏果时要尽量将果实附近的枯枝也剪除。

感染时期不同，黑点的样子也会不同。6~8月黑点比较大，周围有白边，黑点的表面很粗糙（图 3-13）。在梅雨期防治时要查好防治间隔期的降雨量。降雨量在 300 毫升上，即使进行了防治也会患病。8~10 月感染黑点病时，黑点比较小，周围没有白边。开始着色后，黑点周围有绿斑残留（图 3-14）。这是因为防治间隔期过长的原因。要观察黑点的样子，并对防治工作进行反省总结，这样来年才能做得更好。

图 3-13　6~8 月的黑点病
黑点大，周围有白边

图 3-14　8~10 月的黑点病
着色初期有绿斑残留

第 4 章

果实膨大期的
日常作业

1 改变对疏果的认识——区分品质好的果实

◎ 留下不容易长大的果实

到了可以收获的时候，就能从果实的外观上判断出来果实的品质。树冠外围树荫下向下生长的果实着色早、果皮光滑、外观出色。如果疏果时留下这样的果实，确实能收获外观极佳的果实，但疏果时果实还太小，容易留下偏大的果实。

目前的疏果方法都是留下较大的果实，以便增加产量。因此，成熟后的果实都过大且品质差。此外，果实圆、果皮呈深绿色的果实容易被留下。这样的果实有变大的潜力，即使让其结很多果也很容易长得过大，而且果实外观和品质都不行。

留下外观和品质俱佳的果实的疏果方法是：留下果皮光滑、果皮绿色薄、收获时果实向下，不太容易长大的果实，规格为 M 至 L 级，让这样的果实留下继续膨大。目前的疏果方法都是把该留下的疏除了，把该疏除的留下了。

◎ 糖酸度、外观都取决于果梗枝

与果实的糖酸度关系最大的就是果梗枝。果梗枝越大果实越酸。果梗枝的直径在 4 毫米以下的果实的糖度都不会有太大变化，超过 4 毫米糖度就会下降。

从果实的外观来看，果梗枝越粗果皮越粗。从果皮的着色来看，果梗枝越细着色越早，果梗枝越粗着色越晚。从伤果情况来看，非常令人意外的是，果梗枝越细果实上的伤越小，果梗枝越粗果实上的伤越大。在幼果时受的伤，多半是因为叶子造成的。果梗枝越细，叶子和果实一起随风摇摆，一定程度上避免了伤害。此外，像台风那样的强风，会将果梗枝打在果实上造成伤痕。

◎ 叶子多的有叶果糖度上不去

果实分没有叶子的无叶果和有叶子的有叶果。无叶果比有叶果开花早。有叶果的新叶数量过多，开花期就会延迟。因为开花晚，所以有叶果在果实膨大初期状况不太好，后期会继续膨大。但是有叶果的叶数在 5~6 片及以上时，果实糖度就会下降，疏果然后作为结果母枝来使用比较好（图 4-1）。

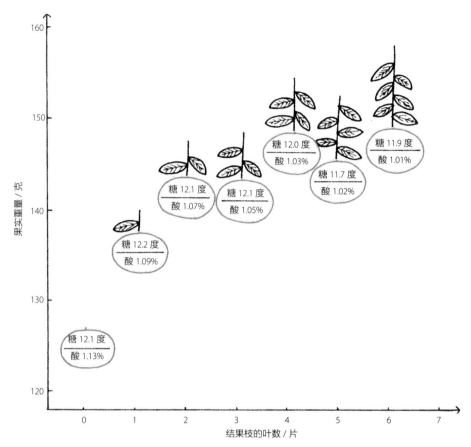

图 4-1　结果枝的叶数越多，果实糖度越低

◎ 果实的大小取决于果梗枝

果梗枝越粗果实越大，结果枝的叶数越多果实越大。特别是果梗枝的直径和果实重量有很大关系。以林温州蜜柑为例，果梗枝直径为 1 毫米时，果实重量为 20 克。当果梗枝直径为 3 毫米时，会产生 S 级果，不过当果梗枝直径为 3.5 毫米以下时，就会产生 M 级果了，果梗枝直径为 4 毫米以下时就是 L 级果居多了（图 4-2）。

◎ 向下生长的果实着色好

果实的品质因果实生长方向不同而不同。同样粗细的果梗枝，向下生长的果实酸度较低，果皮光滑且着色早。向下生长的果实的着色并不是像萤火虫的尾巴一样的着色过程，而是从照射到阳光的那一面开始着色，不知不觉整个果实就都着色了。因此，果实的生长方向不同，果皮着色也不同（图 4-3）。

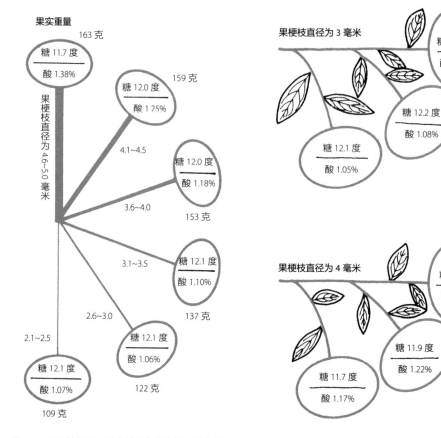

图 4-2　果梗枝越粗、果实越是向上生长，果实越大、糖度越低、酸度越高

图 4-3　越是向下生长的果实酸度越低

◎ 种植柑橘其实就看疏果

　　品质外观俱佳的果实产自这样的结果枝：果梗枝直径在 4 毫米以下，结果枝叶数在 4 片以下，收获时果实朝下生长。

　　在疏果时，果皮光滑、果皮绿色薄的果实在外观和品质上都不错。在粗疏果时，虽然果梗枝还没有长成，不过这时果梗枝的大小和果实的外观已经有很大关系了。要留下果皮光滑的果实和果梗枝细的果实。果实朝下生长，果梗枝越细，果皮越光滑，结出的果实越小。

　　同一个结果母枝上，越靠近结果母枝基部的果实的果梗枝越粗，在结果母枝顶端的果实的果梗枝越细，朝下生长的果实越多。

　　虽然直接影响果实的品质和外观的是果梗枝的直径，不过正因为果梗枝直径和果皮光滑程度、果实大小有很大关系，所以在粗疏果时可以根据果实大小、生长方向、果皮光滑程度等来判断应该疏除什么样的果实。

2 准确判断 M 至 L 级果实的方法

留下果皮光滑、朝下生长的小果子后最担心的是果实能不能顺利长大，所以总是一不小心就留下了大果。不论果实外观怎么优秀，在收获时如果超过了 M 至 L 级，就不是一个好的商品果实。

果梗枝细的果实，可以使用 M 至 L 级果实的疏果方法，在疏果到收获间期，可以通过果实横径的膨大率来预测果实的大小。

使用游标卡尺来测量果实横径（图 4-4）。比如，收获期为 8 月 10 日 ~11 月 10 日，兴津早生温州蜜柑品种的果实横径会膨大 1.5 倍。M 级果实的横径能达到 6.1 厘米以上，所以 6.1 厘米除以 1.5 约是 4.1 厘米，也就是说可以预测横径超过 4.1 厘米的果实会成为 M 级果。L 级果是横径不足 7.3 厘米的果实，用同样的方法计算，在疏果时期横径不足 4.9 厘米的果实会成为 L 级果。所以要留下横径在 4.1~4.9 厘米的果实，才能收获 M 至 L 级果。

因为计算的是平均膨大率，所以 8 月 10 日果实横径为 4.1 厘米的果实多半会成为 S 级果，横径为 4.9 厘米的果实多半会成为 L 级果。所以可以取平均值，留下横径为 4.5 厘米左右的果实。

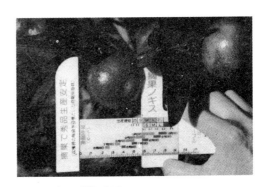

图 4-4　疏果用游标卡尺

果实膨大率也有误差，所以疏果时间越早，产生超规格果实的风险就越高。粗疏果时可以先用眼睛测量，等到最后疏果时再精确测量果实横径。

果实的膨大率离收获期越近误差越小，可以通过在树上选果来调整果实大小，那样基本上所有的果实都不会超规格。

3 选择合适的果实，培养 M 至 L 级果

◎ 果实大小开始产生差异时，是最适合粗疏果的时期

1 株树上的果实的坐果位置不同，膨大程度也不同。在果实膨大不好的位置上坐果的果实，要尽早摘除，如果不摘除小的果实，就可能出现小果。相反，在果实膨大良好的位置上，如果粗疏果迟，就要疏除大果。为了节省疏果的劳力，很多人只进行 1 次疏果，但是因为果树上各个部位的膨大程度不同，想要一次就把果实大小统一是很困难的。

仔细观察果树，果实膨大不好的位置或枝条，会在较早时期就出现果实大小差异（图 4-5）。在果实膨大好的部位和枝条上，在这个时期还不能区分出果实大小来。在果

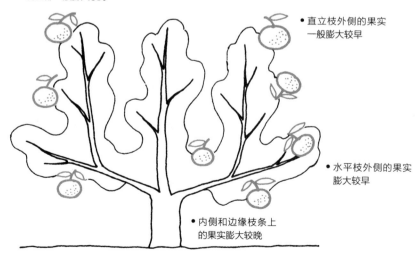

- 树上部一般膨大较好

- 直立枝外侧的果实一般膨大较早

- 水平枝外侧的果实膨大较早

- 内侧和边缘枝条上的果实膨大较晚

图 4-5　不同部位果实膨大的区别

实大小展现出差异时，就可以对这个部位进行粗疏果了（表 4-1）。早熟温州蜜柑是在第 1 次生理性落果结束后的 6 月中旬粗疏果，普通温州蜜柑是在 6 月下旬。

表 4-1　粗疏果时果实直径的标准

（单位：厘米）

坐果部位	果实膨大不好的位置				果实膨大良好的位置			
粗疏果时间	6 月 20 日	6 月 30 日	7 月 10 日	7 月 20 日	7 月 10 日	7 月 20 日	7 月 30 日	8 月 10 日
极早熟品种（岩崎早生）	2.0	2.5	3.0	4.0	3.6	4.4	4.7	
早熟品种（原口早生）	1.9	2.4	2.8	3.8	3.3	4.2	4.5	
早熟品种（完熟）		2.2	2.5	3.4	3.1	3.9	4.2	
普通品种（林温州）		2.1	2.5	3.2		3.4	3.9	4.3
疏果方式	疏除小果				疏除大果			

◎ 根据枝条的位置疏果

第 1 亚主枝的水平枝或斜下枝上的果实和第 2 亚主枝的斜下侧枝的果实膨大不好。对它们的粗疏果在第 1 次生理性落果结束之后开始，疏除比标准横径小的果实，留下比标准横径大的果实。另外，因为是粗疏果，最好把能长大的果实全部留下（图 4-6）。

生理性落果后的 15~20 天，第 1 亚主枝的斜上侧枝或是第 2 亚主枝的水平侧枝上，果实开始出现大小差异。这个坐果部位比较好，所以疏除比标准横径大的果实（图 4-7）。

到了这个时期，在提早进行了粗疏果的枝条上，果实之间膨大的差别就显现出来了。一边给膨大好的枝条粗疏果，一边完成那些提早进行了粗疏果的枝条的最终疏果。

图 4-6　下垂枝的小果要疏除

图 4-7　膨大较好的枝条的大果和小果要疏除

◎ 有效率的疏果顺序

想要有效率地疏果是有窍门的。对 1 株树，不要从上到下粗疏一遍，要按坐果位置和侧枝的强弱，分不同时期疏果，也就是分段疏果。

首先，先从果实膨大较差的下部的弱枝开始粗疏果，只疏除比标准小的果实。6 月中下旬 ~7 月中旬进行疏果，因为这个时期是梅雨期，所以只疏掉手能够得着的地方的果实，所以还是比较有效率的（图 4-8）。

之后，对膨大较好的树的上部或是强势侧枝进行粗疏果，将比标准大的果实疏掉。这时，可以将之前疏果枝条上的小果也一并摘除（图 4-9）。

在粗疏果时期，如果有些树的果实大部分比预测标准横径大，那么没有粗疏果的必要。这样的树，不用经过粗疏果，直接完成最终疏果就行。

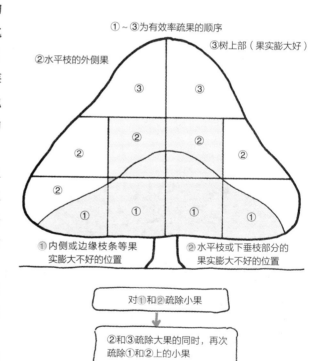

①~③为有效率疏果的顺序

②水平枝的外侧果　　③树上部（果实膨大好）

①内侧或边缘枝条等果实膨大不好的位置

②水平枝或下垂枝部分的果实膨大不好的位置

对①和②疏除小果

②和③疏除大果的同时，再次疏除①和②上的小果

图 4-8　有效率的疏果顺序

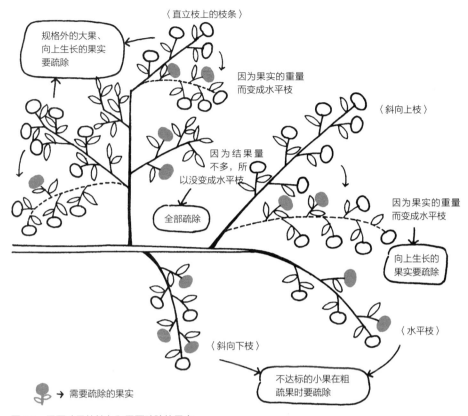

〈直立枝上的枝条〉

规格外的大果、向上生长的果实要疏除

因为果实的重量而变成水平枝

〈斜向上枝〉

因为结果量不多，所以没变成水平枝

全部疏除

因为果实的重量而变成水平枝

向上生长的果实要疏除

〈斜向下枝〉

〈水平枝〉

不达标的小果在粗疏果时要疏除

→ 需要疏除的果实

图 4-9　需要疏果的枝条和需要疏除的果实

4 最终疏果从极早熟品种开始

　　极早熟、早熟温州蜜柑在 7 月 20 日左右果梗枝膨大就停止了，此时果梗枝的大小就已经定了。果实在这个时期会飞快膨大，在 8 月初果实的外观和大小都很容易判断，可以直接进行最终疏果。

　　最终疏果从极早熟品种开始。极早熟品种的收获期十分短，树势比较弱的品种较多，如果不尽快疏果会产生很多小果。因为花多，2~3 年生的枝条上无叶果也较多，这些果实的果梗枝粗、到了收获期很难向下生长，所以在疏果时要疏除。果实膨大好、品质优秀的果实，一般都是有 3~4 片叶的有叶果。对有叶果多的树进行维护是很关键的。

　　普通温州蜜柑在 8 月 10 日左右果梗枝就停止膨大了，接着是早熟温州柑橘，然后是普通温州蜜柑。

疏果果实时，最好利用标准果实的预测横径进行判断（图 4-10～图 4-14）。但是，即使预测的果实大小在标准内，若果梗枝直径超过 4 毫米，或是没有向下生长的果实也要疏除。

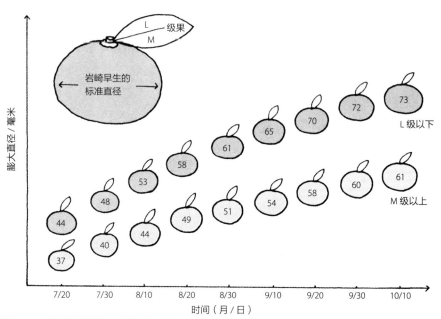

图 4-10　极早熟品种岩崎早生标准果实的预测横径

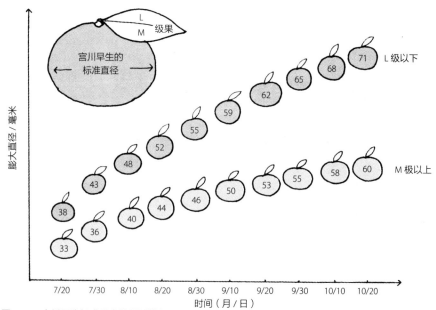

图 4-11　宫川早生标准果实的预测横径

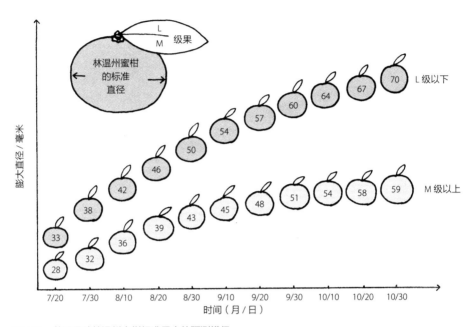

图 4-12　普通品种林温州蜜柑标准果实的预测横径

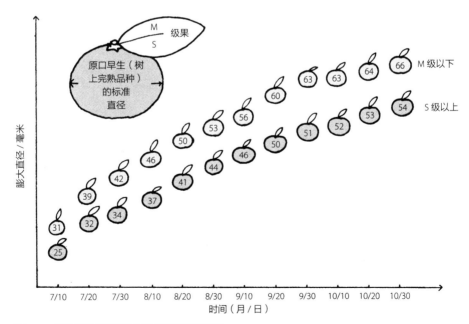

图 4-13　早熟品种原口早生标准果实的预测横径

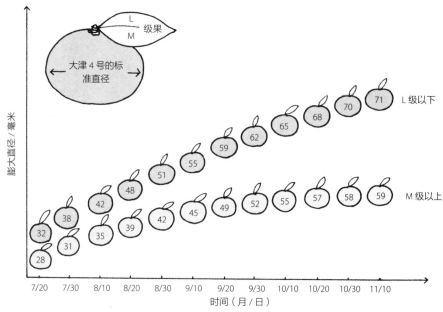

图4-14　大津4号、青岛温州蜜柑品种标准果实的预测横径

5 在树上完全成熟的S至M级果

果实没法在树上顺利完全成熟的最主要的原因是容易出现浮皮果。

果实的级别每下降一级浮皮果就减少10%，所以为了增加S至M级果，群坐果的果树需要疏果。对在枝条直径为1厘米左右的水平枝或斜向下的侧枝上有5~6个果实的枝条较多的果树，适合让果实在树上成熟。

6月中旬~7月上旬进行粗疏果，向上生长的侧枝上的果实要全部疏除。斜向上生长枝条上如果只有2~3个果实，也要全部疏除。

适合留下的果实多在水平侧枝或斜向下生长的侧枝上。7月中上旬的粗疏果，只是疏除不达标准的大果。7月下旬~8月上旬的疏果，要疏除不达标准的全部果实（图4-15）。

图4-15　最终疏果后的样子

6 大津 4 号、青岛温州蜜柑——大果品种的疏果

◎ 让弱枝多结果

对于果实偏大的品种，比如青岛温州蜜柑和大津 4 号，可以让这些品种的斜向下生长或向下生长的侧枝多结果，这样果实就不会过大。

直立枝的侧枝或坐果少的水平枝的侧枝，已经疏过果或在早期疏果时已经全部疏掉了，不过还是要看一看有没有疏漏的，对果皮粗、果实多的枝条，要全部疏干净。

对结果枝条粗疏果一般在 7 月中下旬，特别小的果实和小果中混着的特别大的果实都要疏掉。最终疏果从 8 月中旬开始。在侧枝上可以有几个看上去不会超规格的果实。不过，如果一个地方有 2~3 个无叶果，果梗部位尖、果实呈饭团状，要从中挑选 1 个果形最好的，其余的都要疏掉（图 4-16）。

图 4-16　大果品种的最终疏果完成后的样子

到了 8 月中旬，对超规格大果多的树，可以在 9 月树上选果时进行疏果。

◎ 结果过多会导致着色迟，并产生浮皮果

一般来说，青岛温州蜜柑和大津 4 号因果实太大很难结住。着花多的树一般容易产生优质果实，所以也有人说 2 年的果子 1 年收。不过，1 次产量有 2 年的量时，一般着色迟的果、浮皮果也多。所以还是保持连年结果比较好。坐果多的树，如果在早期枝别疏果时不彻底，就容易出现隔年结果现象。

7 树上选果，节约在家中选果的工夫

　　对于树上选果的时期，极早熟温州蜜柑在 8 月下旬、早熟温州蜜柑在 9 月中旬、普通温州蜜柑在 9 月下旬、大津 4 号和青岛温州蜜柑在 10 月上旬过后。

　　坐果多的树从粗疏果到最终疏果之间，即使十分细心想要将不好的果实全部疏除，当果实膨大后，也会出现超规格的果实或是伤果等不好的果实。如果放任不管，就不得不在收获后在家中选果。而将不能成为商品的果实在树上选果时整理掉，就能节约收获和家中选果的工夫。

◎ 下决心疏掉小果

　　最终疏果时，要将之前漏掉的伤果、结果母枝基部的果实、果形不好的果实、超规格的小果或大果全部疏除。在这些当中，对小果的疏除最困难。虽然小但是外观很好的小果很容易被留下来。对于早熟温州蜜柑，外观漂亮的小果不疏除也没关系，可以让其在树上完全成熟。

　　树上选果不需要什么技术。收获时，留下能不经过家中选果直接拿去选果场的果实就好。

◎ 大津 4 号、青岛温州蜜柑的树上选果

　　大津 4 号、青岛温州蜜柑等是大果品种，最终疏果时，为了防止果实过分膨大，会留下多少有些伤的果实，还有果皮粗或者过分膨大的果实也混在其中。

　　大津 4 号、青岛温州蜜柑在 10 月 10 日之后，果实横径的膨大率也变小了。这个时期之后进行疏果，就不会担心果实过分膨大，可以在树上选果了。

　　带伤的果实、外形不好的果实、粗果皮的果实、超规格的小果等都可以疏掉。果梗枝细、果实外观好、品质不错的大果也可以不疏掉。

8 吊枝能提高树冠内部果实的品质

对于高接后夏梢伸长比较多的树，或是大津 4 号、青岛温州蜜柑、久能温州蜜柑等群坐果的树，吊枝是很有必要的。

用竹竿支撑第 1 亚主枝。对于上面的侧枝，用穿过树中心的竹竿，绑上塑料绳将枝条吊起，让第 1 亚主枝上的果实或是树冠内部的果实能充分沐浴阳光，加快树冠内部果实的着色，提高果实品质（图 4-17）。

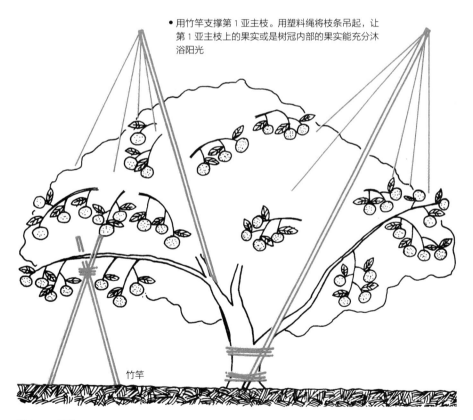

●用竹竿支撑第 1 亚主枝。用塑料绳将枝条吊起，让第 1 亚主枝上的果实或是树冠内部的果实能充分沐浴阳光

竹竿

图 4-17　吊枝

9 地膜栽培

◎ 可以使用地膜栽培的果园和不可以使用的果园

"降雨过多，只能产出糖度低的果实"，这样的说法并不一直是正确的。

现在，生产者的要求已经从生产出柑橘到了积极生产出口感甚佳的柑橘了。

梅雨期后持续晴天会让叶子微卷，这时下一些雨，叶子就会恢复原样，当叶子再次微卷时再下雨，这样的天气环境反复就能生产出糖度高的果实。我的经验是，梅雨期过后的 7 月下旬到收获期之间，降雨量在 400 毫升以下就能收获糖度在 11 度以上的柑橘。但是，这样的降雨量一般 3~4 年才能出现 1 次。一般年份的降雨量都 600 毫升左右，如果让一半的雨水流到果园外，也能收获糖度很高的果实的。

在地面覆盖地膜防止雨水流入园内这样的做法很广泛。虽然会产生许多问题，但是也算是非常实用的方法了。

地下水位高的果园，即使用地膜阻挡了雨水，地下水也会上涨，所以不能使用地膜。密植园内无法做排水沟，日照条件也不好，所以也无法使用地膜。

柑橘树不整形的果园也很难铺地膜。地膜阻挡住的雨水必须通过排水沟排到园外，如果没有条件挖这样的排水沟就不适合使用地膜（图 4-18）。

图 4-18　在园内设置排水沟

◎ 怎样使用地膜才能见效

（1）**在地膜作用大的时期覆盖**　降雨后，柑橘园内积存的雨水，因为地表蒸腾作用和柑橘树蒸腾作用而大幅变少。覆盖地膜后，地表蒸发被抑制，只有柑橘树的蒸腾作用，土壤其实很难干燥。覆盖地膜时土壤中残留的水分，与覆盖地膜后晴天时柑橘树承受的水分压力不同。还要考虑有效土层的深度，排水良好的土壤容易干燥和不容易干燥的土壤等，如果不根据这些改变覆盖地膜的时期就达到不了效果。

梅雨期过后到盂兰盆节（日本的盂兰盆节在 8 月 15 日前后）之间的降雨很少。覆盖地膜在梅雨期过后持续晴天土壤变干时和 8 月下旬再次下雨时这两个时期，选择在 8 月下旬覆盖地膜的比较多。

（2）根据降雨情况使用地膜　土层越深土壤越不容易干燥，梅雨期过后天气持续晴朗，土壤干燥时使用地膜比较好。这时，最好在降雨前就准备好地膜，不然降雨后再铺地膜土壤就很难干。而到底下不下雨很难预测，所以最好在晴天持续一周时铺设地膜。赶上梅雨期后傍晚雷阵雨很多的年份，最好在梅雨期刚刚结束后就使用地膜。晴天时，叶子也会蒸发水分，所以地膜使用时间一长土壤就会干燥。

在土层较浅容易干的地域，即使在 8 月下旬降雨后使用地膜，效果也会很好。不过如果使用地膜后阴雨连绵，土壤无法干燥，也有显不出地膜效果的时候。

（3）使用地膜后也要做水分管理　使用地膜后的树的状态根据天气不同而各异。雨水过多导致土壤很难干燥时可以掀开地膜，增加土壤蒸发，或是当土壤过于干燥可以浇水等，这些管理操作都要做。

我用地膜栽培来生产糖度高的果实时，一般在梅雨期前铺地膜，然后在发现叶子卷曲后就浇水，用这样的方法来管理。没有浇水设备无法浇水时，可以像温室栽培一样人工打造蓄水池，将田地里流出的水贮存下来，在需要时用来浇水。

◎ 地膜的种类及其效果

有温室废地膜、黑色地膜、银色地膜等几种地膜。1000 米 ^{2} 地膜的费用为：黑色地膜 25000 日元（1 日元 ≈0.05 元人民币），银色地膜 35000 日元。

温室废地膜不需要花钱，但是有几个缺点，比如容易长草，并且地温较高。黑色地膜不论地温怎么升高都不长草。银色地膜不仅不长草，地温也不会太高，除此之外还可以让蚜虫和蓟马不靠近。

关于哪种地膜的增糖效果比较好，有些试验结果表明基本没有差异，而有些则表明银色地膜的效果较好，不过性价比不太清楚。

◎ 地膜栽培最困难的是排水

用除草剂让草枯萎。然后将石头、瓦砾、树枝等会划破地膜的东西拣出来。

在平坦的地方，将树间的土堆在柑橘树根部。行间的土地倾斜，将地膜上积的水排到果园外（图 4-19）。排水沟一般倾斜度为 2 度，如果田地长 30 米，高低差就是 1 米。田地很长的果园若不修建暗渠一般会影响日常工作。

在梯田平面的边缘设置排水沟。降雨量为 10 毫升时，1000 米 ^{2} 的田地里就会有 10

吨的水。因为排水量很大，每一层梯田最好都要设置排水沟。汇集各层排水的纵沟一定要能容下那么大的排水量。

地膜栽培最难的地方在于排水。要充分思考如何将水排到果园外，不然不仅地膜效果显现不出来，下雨后还马上就会出现水害（图4-20）。

图4-19　在柑橘树根部堆土，然后覆盖地膜　　　图4-20　地膜栽培时必须做好排水

◎ 不让雨水从主干进入的地膜覆盖方法

在树木的主干部分，地膜切口要相互重叠，这样可以不让雨水进入，重叠部分最少为10厘米。

为了不让重叠部分被风刮起来，可以在地膜边缘压上竹节，或是将地膜折叠两折后用别针别住，或是用1千克的沙袋压住（肥料袋等）。

为了防止雨水顺着主干流入土中，可以用塑料布或报纸将主干包裹起来，这样从主干进入的雨水就会大幅减少（图4-21）。

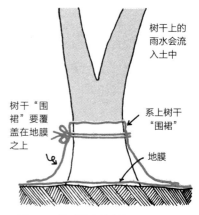

图4-21　地膜的覆盖方法

◎ 即使覆盖了地膜果实糖度也没有提高时怎么办

若预想之后晴朗天气会持续而在雨后覆盖了地膜，但是之后却一直下雨，土壤无法干燥，果实糖度就没法提高。我曾经在梅雨期结束后，晴朗天气持续20天左右时覆盖了地膜，不过之后阴雨连绵，叶子完全没有卷曲过，不过果实糖度还是上升到了12度。遇到这样的天气条件时，降雨后因为覆盖地膜，糖度应该无法上升才对吧。下边讲遇到这种情况怎么办。

为了确认地膜的效果，检查一下果实的糖度比较好（图4-22）。

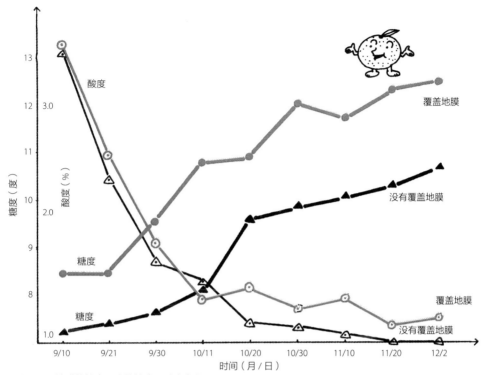

图 4-22　地膜栽培中果实的糖度和酸度变化

收获时糖度能达到 12 度以上的果实，在 9 月初糖度就在 9 度以上了，10 月初糖度就超过 10 度了，以此类推。不同时期的糖度都在慢慢升高，收获期的糖度就能在 12 度以上了。

即使覆盖地膜，10 月初糖度如果没有超过 10 度，若晴朗的天气不会持续，也不打开地膜促进土壤表面的蒸发，即使覆盖地膜也没有效果。

虽然辛苦，但早上打开地膜让土壤在白天干燥一下，傍晚盖上地膜防止夜露，是比较负责的管理方式，可以提高果实的糖度。

◎ 即使覆盖了地膜果实酸度也很高时怎么办

若预测降雨会很多，想等土壤干了再覆盖地膜，之后却是持续晴天导致水分不足，叶子卷曲，果实膨大不好，酸度就会上升，最后产出很硬的果实。

如果覆盖地膜后遇到晴朗天气持续，叶子卷曲的状态持续就必须浇水。虽然不清楚具体的适合浇水量，但浇 7~10 吨的水是有必要的。

知识点 **在柑橘园内使用便利的机械**

　　在坡地柑橘园中也能使用中型机械，功率最大也最有效的机械是快速喷雾机。喷洒 1000 米^2 的农药大约需要 10 分钟，在病虫害防治中很有效率。

　　带有升降台的小型运输车也很好用。因为可以将装货台面调节到梯田的高度，所以堆肥、换土、搬运果实都很便利。使用升降装置可以将装货台升高到 1.5 米，也可以用来修剪防风树（图 4-23）。

图 4-23　使用小型运输车的升降台修剪防风树

第5章

从收获到贮藏
的日常作业

1 促进着色的药剂有效吗

为了促进果实着色，从果实尾部着色开始，每 10 天喷洒 3 次水和硫黄制剂的混合液。很少有成果表明，这种硫黄制剂对果实着色确实有帮助。我自己亲身试验的结果也是如此，这种硫黄制剂只是让果脐处颜色更深。

可能这种硫黄制剂只是让果皮粗的果实在树上时红色更深，也或许它在温度低的地区才有促进着色的效果。

我试着喷洒了 3 次，但是没有看到预期的效果，所以不再喷洒了。

其实等待果实完全着色好再收获，可能比喷洒着色剂要好得多。

2 浮皮轻减剂是有效果的

树上的果实如果收获晚，糖度会升高，酸度会减少，口感会更好。但是，即使想让果实在树上完全成熟来提高品质，但想到会变成浮皮果就放弃了。特别是在秋季多雨、温度又高的日本西南温暖地区，如何减少浮皮果是关键（图 5-1）。

为了减少浮皮果，在果皮着色 4~5 成时，喷洒碳酸钙药剂 50~100 倍稀释液。如果降雨过多或是有强降雨时，果实表面的白色斑点变薄，那就再喷洒 1 次。想要抑制浮皮果，就要让果皮表面难以附着水滴，容易干燥，让钙离子堵住果皮上的气孔，气孔难以闭上，蒸发量就会增加。让果皮表面均匀附着药剂，效果最好。

碳酸钙只能减少浮皮果，不能彻底抑制浮皮果产生。要想抑制浮皮果，就一定要打造不发生浮皮果的环境。

浮皮果多发生在着色 5 成左右时，此时空气湿度高，果皮表面被露水打湿，就容易出现浮皮果。柑橘园一定要保持光照和通风良好且很容易干爽的环境。

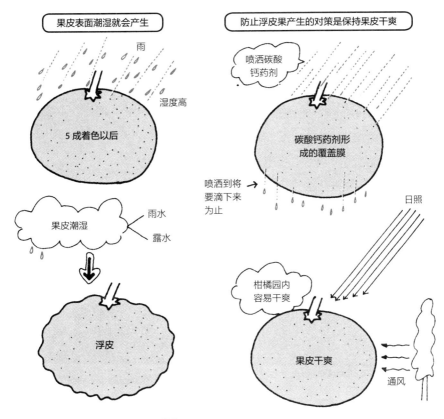

图 5-1　浮皮果产生的原因和防治措施

3 利用秋肥改变隔年结果现象

◎ 没有施夏肥的树可以一起施

秋肥不仅可以改善隔年结果现象，还能增强柑橘树的抗寒能力，改善春梢发芽，促进提前开花，是很重要的肥料。不过，如果不在秋季让柑橘树吸收掉肥料，那就没什么效果。

秋肥要按照各地的施用标准，在地温还较高的 11 月上旬前施完。对那些没有施用夏肥的树，如果预测第 2 年开花会很多，那就连夏肥的份一起施用。

◎ 如何让树在秋季吸收秋肥

　　土壤深 30 厘米处细根多，12 月上旬的地温会低于 10℃。如果在 11 月上旬施用秋肥，一般到了 12 月已经吸收很多了。如果在 12 月上旬施用秋肥，基本上吸收量不到 11 月上旬施肥量的 1/3。秋肥施用时间越晚，即使施用时间是秋季，也只会在春季见效，和春肥一起被吸收，而作为秋肥的效果就很小了（图 5-2）。

　　柑橘树在秋季充分吸收了秋肥后，11月叶子中的氮素含量就会提高，即使是小年，第 2 年有叶花或无叶花也会增多，如果是大年，无叶花减少，有叶花和营养枝增加。这样，无论着花多少，11 月叶子中的氮素含量高，就能够保持结果枝和结果母枝的平衡。

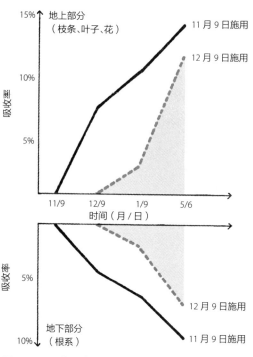

图 5-2　12 月施用秋肥，吸收量仅为 11 月施用秋肥的 1/3

　　叶子中的氮素含量低，就很容易受到冻害或风害而导致落叶，这就助长了隔年结果现象，我曾经历过这样的事。

　　为了维持每年产量稳定，有必要比基准施肥量施用更多，但是为了产出优质果实，比基准施肥量施肥少更好。各地的基准施肥量是平衡了产量和品质两个因素而定的，不过一般都比基准施肥量要少。秋季树木吸收秋肥，落叶就会变少，着花和抽枝就会增加，所以在适当的时间施用秋肥是至关重要的。

4 秋肥最早可以在什么时候施用

◎ 不降低果实品质的施肥界限

　　虽然知道地温低肥料就难以被吸收，不过还是担心秋肥施用过早会出现让果实着色迟、浮皮果变多、品质变差等问题。比起肥料是否能在秋季让树木吸收，很容易因为担心果实品质降低而延迟秋肥施用时间。果实着色迟的树收获也会延迟，在收获后的 12 月中下旬再施秋肥的也有。

其实，在收获前 1 个月也就 11 月上旬施用秋肥，被柑橘树吸收的氮素转移到果实中的不超过 0.5%，还不足果实中氮素的 0.8%。也就是说，11 月上旬施用的秋肥中的氮素，到 12 月大部分会转移到根系或枝叶，基本不转移到果实中（图 5-3）。如果再提早一些在 10 月中旬施用秋肥，浮皮果会稍微变多，着色会稍微延迟，果实品质会变差，不过在 10 月下旬施用秋肥，基本不会导致果实品质下降。

早熟温州蜜柑在 10 月下旬以后施肥，普通温州蜜柑在 11 月下旬以后施肥，就不会导致果实品质下降。不过，实际施用时，因为正在着色的果实或着色迟的果实混在一起，所以很难施用秋肥，不知不觉就延迟了秋肥的施用时间。其实对这样的树，秋肥施用时间可以延缓 10 天。

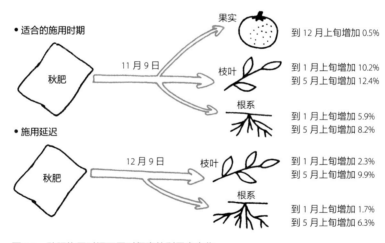

图 5-3　秋肥施用时间不同时氮素的利用率变化

◎ 对极早熟品种分 2 次施肥

极早熟温州蜜柑的收获期在 10 月上旬，因为此时地温还很高，所以树木能很好地吸收肥料，收获 1 个月前施用秋肥可能会导致着色延缓。因为收获期早，收获后再施用秋肥也能吸收，不过如果将省掉的夏肥和秋肥一起施用，秋肥施用量就很多。秋肥一次施用过多，会造成伤根等问题，所以可以分收获前和收获后 2 次施肥。

5 秋肥施用迟的应对方法

施用秋肥后不下雨，即使施肥早，柑橘树也无法吸收。除此之外，采用让果实在树上完全成熟的种植方法时，收获期迟，秋肥就容易延迟。

施用秋肥迟时，可以用稻草覆盖树的基部，保持高地温，促进肥料吸收。另外，施肥后，等下过雨再覆盖地膜，肥料吸收得更好（图 5-4）。

为了提高冬季叶子中的氮素含量，利用叶子的蒸腾作用也很有效。早春将尿素 500 克稀释于 100 升水中，在 4 月初每 5 天喷洒 3 次，新叶、花、果实中的氮素含量就会明显提高，特别是幼果。

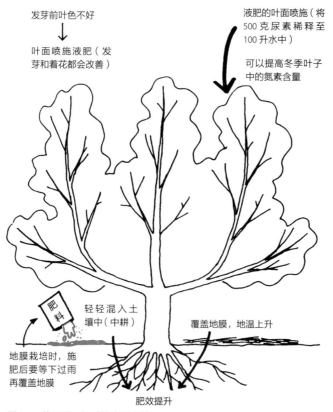

图 5-4 施用秋肥迟时的应对方法

即使施用了秋肥，吸收也有可能延迟，发芽前的叶色不好时，在发芽前可以对叶面喷施液肥，发芽和着花都会变好。但是，通过叶面喷洒吸收的氮素少得可怜，所以春肥一定要足量。

6 根据着色和糖度决定收获期的方法

极早熟温州蜜柑、早熟温州蜜柑都是按照果皮着色程度、糖酸度为基准来限制何时销售的，但是不是谁都能简单地通过着色程度来判断收获期。影响着色的天气条件和影响酸度减少的天气条件是不同的，着色越好可能酸度越高，着色不好反而酸度低，外观和口感不一致的有很多。所以，不要只看外观，要等到口感变好后再收获（表 5-1）。

表 5-1　不同品种的品质标准和收获期

品种	收获期	品质标准			收获和销售时期的判断
		糖度	酸度	果皮着色	
极早熟温州蜜柑	10 月中旬	10 度以上	1.0% 以下	3 成以上	酸度在 1.0% 以下
	10 月下旬	11 度以上		6 成以上	果皮着色 6 成以上
早熟温州蜜柑	11 月上旬	12 度以上		10 成着色	果皮着色完成，酸度在 1.0% 以下
中熟温州蜜柑	11 月下旬	12 度以上		10 成着色	
普通温州蜜柑、大津 4 号、青岛温州蜜柑	12 月上旬	13 度以上		8 成以上	一旦出现浮皮果就要收获，酸度在 1.0% 以下时，年内销售；在 1.0%~1.2% 时，短期贮藏；在 1.2%~1.4% 时，中期贮藏；在 1.4% 以上时，长期贮藏

果皮着色和酸度在开花期以后会被温度左右，温度越高，酸度越早开始下降。果皮在白天温度下降到 27~28℃时开始着色，昼夜温差越大着色越快。

温暖地区开花早，之后的温度也越来越高，不过果皮着色容易延迟。为此，温暖地区的极早熟温州蜜柑、早熟温州蜜柑的果肉成熟要比果皮着色更快，外观和口感不一致的倾向很高。

极早熟温州蜜柑，即使酸度减少 1%，果皮着色也就能提升 2~3 成，所以比起外观，口感才是主要判断依据。不过，极早熟温州蜜柑在果皮着色 5~6 成时都长在树上，糖度会提高，酸度会变成 0.7%，口感不错。另外，当 1 株树上 50%~60% 果实的果皮都着色 3 成以上，就可以开始收获了，品质也比较均衡。

早熟温州蜜柑、中熟温州蜜柑可以等到着色和口感差不多时再销售。早熟温州蜜柑可以分开收获，不过等到完全着色后一起收获质量会更好。

普通温州蜜柑，比酸度减少更快的是产生浮皮果，所以一旦出现浮皮果就要立刻收获，即使收获后果实酸度高也没事，贮藏后口感应该也不错。

7 不同极早熟品种的收获期判断

极早熟温州蜜柑品种的收获期基本都在 9 月中下旬~10 月下旬。要灵活掌握不同品种的特性进行收获和销售。

◎ 9~10 月销售的品种以果实酸度来判断收获期

可以在 9 月下旬销售的宫本、市文、山川早熟品种，果实酸度会很快减少。比起果皮着色，以酸度为标准判断收获期。

进入 10 月后，岩崎、上野等品种迎来收获期。大多数品种的果皮着色 2~3 成时，酸度已经减少到 1% 左右，所以以酸度为标准判断收获期更好。

这个时期收获的品种，根据地区条件不同品质也不一样。在离海岸近的温暖且日照良好的地区，酸度会很快下降，口感很好，果皮着色稍迟。在海拔高的山区，果皮着色进展好的也很酸。为此，在销售前要充分了解果实品质，将口感好的果实一起出售。

◎ 分段收获是着色迟的原因

极早熟温州蜜柑要从果皮着色早的果实开始收获，1 株树要收获数次，也就是进行分段收获。特别是早期价格高时，这个倾向更强。但是，极早熟温州蜜柑收获时温度还很高，将早期的那部分果实收获后，留下来的果实的着色会有迟缓的倾向，还赶不上不收获的树的果实着色进展的一半。在果实着色 3 成时就收获的树，剩下的果实着色就会延迟，着色不到 5 成的时候比较多。这样说来，收获期开始早，结束就会延迟，1 株树上的果实都 3~5 分着色就开始收获比较好。

◎ **10 月中下旬收获的品种，最好让其在树上完熟**

进入 10 月中下旬，上野、原口早生等成熟期稍微延迟的品种的收获期就到了。在这个时期收获的品种也是果肉成熟度进展比果皮着色更快。收获时比起着色要优先考虑口感。

进入 10 月下旬后，原口早生糖度为 11 度、酸度为 1.0% 时口感就相当不错了。不过，其果皮着色只有 5 成，销售时要优先考虑口感。原口早生的收获期越迟糖度越高，着色也会越好。以不出现浮皮果为底线，延迟收获期让着色和口感更好。只留下 S 级的小果在树上，让其完全成熟，就能收获口感极佳的果实。

8 为提高品质，对早熟温州蜜柑一次性完成收获

早熟温州蜜柑一般是到了果实着色 5~6 成后就开始收获，1 株树要分 2~3 次收获。不过，让果实在树上完全成熟，口感会更好。如果从着色差不多的果实开始收获，没有完全成熟的果实就会被陆续销售，收获越迟留下的果实着色越不好，酸度难以下降，就会产生品质差的果实。

等到果实完全着色再收获，比分段收获要节约劳动力，还能保证果实品质，优点很多。

没办法一次性收获也有结果的问题。观察着色早的果实会发现，着色早的果实一般都是果梗枝细、朝下生长的果实，生长在树冠外围的树荫下。这样的果实着色是从能够照射到阳光的地方开始，不知不觉就全果着色，变成深红色的果实。一般果梗枝粗，或者进入收获期也不朝下生长的果实着色都晚。在疏果时留下那些在收获期能够迅速着色的果实，着色进度就会一致，能够一起收获。

9 尽量让普通温州蜜柑着色后收获

在温度较低、浮皮果发生较少的地区，着色进行好后再收获。不过在日本西南温暖地区，在着色完成前就会出现浮皮果，所以浮皮果发生的时期就是收获期。如果收获期过早，即使进行了处理和贮藏，果皮也不会变红，所以果梗枝周围的果皮也不会变红。在果皮着色 8~9 成时再开始收获是底线，再早收获就无法保证品质了。

10 大津 4 号、青岛温州蜜柑收获的好方法

◎ 大津 4 号：等到完全着色后再收获

大津 4 号即使等到果皮完全着色也没有什么浮皮果。我一般将 12 月上旬作为界限。因为果皮着色的红色稍微薄一些，收获的即使是酸度较少的果实也最好进行处理后再销售，这样品质会变好。小果一般很难出现浮皮果，所以收获可以延迟，让其在树上长到口感十分好后再收获。

◎ 青岛温州蜜柑：着色 8 成就可收获，通过贮藏提高品质

青岛温州蜜柑的收获期在 12 月中上旬，果皮着色没有到 8 成时，即使收获后进行贮藏品质也不会变好。因为从开花到成熟期需要的积温高，所以不进行贮藏大多数果实的品质不会变好，不过开花早、果实膨大期日照充足、温度高的环境下培育的果实，可以当年就销售。在收获前先检查一下果实品质，再决定销售期和贮藏期。

◎ 比起一次性收获，分段收获品质更好

大津 4 号、青岛温州蜜柑都不耐修剪，树形的结果层厚，因为群结果导致枝条容易

下垂，日照不好的结果部位容易着色迟缓。另外，因为容易发生浮皮果，一次性收获非常困难。所以适合将树冠外周和上部着色早的果实先收获，然后再收获树冠内部着色迟的果实，分段收获（图 5-5）。

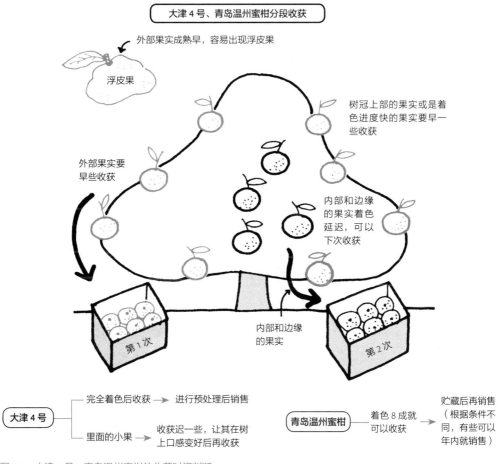

图 5-5　大津 4 号、青岛温州蜜柑的收获时间判断

11 不让果实品质变差的收获方法

和其他果树相比，温州蜜柑从外表根本看不出果实是否有伤。所以在收获期相当混乱。但收获时轻拿轻放对果实品质的影响还是相当大的。

◎ 非熟练工要注意以下事项

收获期因为缺乏劳动力，所以可能会雇用临时工进行收获。搬进选果场的果实，不是果柄太长了，就是剪切得太过了。果柄过长会造成挤压伤，过短会让新鲜度流失过快。

对于非熟练工来说，进行收获很可能造成剪刀伤过多，够不到的地方就会拽下来。所以，可以将果实分为有伤的和没伤的，让操作者通过实物来学习，就能很大程度上避免伤害。

操作者比较累时，或是将果实转移到箱子里时，动作粗暴可能会给果实带来伤害。收获时果实大小过于参差不齐，果皮又有小伤，腐坏果和重量减轻的果实就会增加，呼吸作用旺盛养分消耗也会增加。

◎ 不对果实造成伤害的六大原则

为了不给果实造成创伤，导致果实品质下降，在收获时要注意以下几点（图 5-6）。

① 操作时要戴手套。

② 够不到的地方的果实要二次剪切，不要留下剪刀伤。

③ 果柄要剪短，长度适当。

④ 操作时不要拽果实。

⑤ 在转移箱子时要低位置转移。

⑥ 箱子不要装满，装到 8 成满就行。

生产优质果实十分重要，从收获、选果一直到销售环节，也都要用心管理品质，保证到消费者手中的果实新鲜、优质。

④操作时不要拽果实

①操作时要戴手套

②要二次剪切，不要留下剪刀伤

③果柄要剪短

⑤在转移箱子时要低位置转移

从高处掉落的果实和落果都会很快腐坏

⑥箱子不要装满，装到 8 成满就行

图 5-6　不对果实造成伤害要遵循的六大原则

12 提高收获效率的方法

◎ 一次剪切和二次剪切

一次剪切要比二次剪切效率更高，所以在收获时尽量使用一次剪切。即使是手够不到，但在能摘下的地方使用一次剪切也很有效率。这时注意不要留下剪刀伤。

◎ 三人采摘和两人采摘

高 3 米的树 3 个人一起采摘更有效率。一人在地上采摘，一人使用梯架采摘果树上部和外周的果实，另外一人采摘树上部树冠内部的果实，将能收获的部位分开采摘是最有效率的（图 5-7）。小一些的树两人采摘最有效率。

一人在地上，一人在梯架上，一人在树上

图 5-7　超过 3 米的果树，可以 3 个人一起采摘

◎ 拉开树间距，提高效率

收获的效率不仅体现在采摘过程，还有搬运果实的效率。我的果园中的树一般都超过 3.5 米高。经常被说"采摘十分辛苦"。

比较低的树采摘效率会更好。通过修剪可以降低树木高度，但是等到枝条伸展后又会变高。果树长大跟土壤和气候条件有关，通过修剪来缩小果树是很难的。所以比起树的高矮，树间距宽阔，搬运会更省力。

即使果树很高，但树间距达到 6 米，运输车也能停在树下。虽然收获花费不少工夫，但是将收获后的果实运到贮藏库所需的时间就很少了。所以说，虽然间伐不是很快就能进行，但间伐可以让搬运更省力。

另外，可以种植成熟期不同的品种，这样收获需要的劳动力就会被分散。如果采用这种方法，在柑橘园的管理作业中，疏果和生草管理就算最花工夫的了。

13 让果实不在贮藏时品质下降的诀窍

◎ 维持品质不可或缺的预防措施

刚刚收获的果实的果皮十分有活力，呼吸作用旺盛，从果皮蒸发的水分很多。刚刚收获的果实果皮水分多，把很多果实都挤在箱子里，会比放在树上更容易产生浮皮果。所以，虽然收获期十分忙碌，但是保持收获后果实的品质也是很重要的。

收获后让果皮稍微干燥一些，一是可以防止浮皮果产生；二是可以抑制呼吸作用防止品质下降；三是增强果皮强度，减少果实腐坏；四是可以抑制果皮蒸发水分，达到抑制果实分量减轻的效果。

◎ 不会失败的箱子堆积贮藏法

收获后的果实会减少 3% 的重量用来维持果实品质。如果在箱子里放入过多果实就会影响通风，所以放到 8 成满即可。如果因为箱子不足就将箱子塞得满满的，会导致通风无法进行。一般收获后的箱子可以垒 5 个，而贮藏时箱子可以垒 8 个。如果因为没有地方而垒的过高、过多，下面的箱子就很难干燥。另外，箱子与箱子之间要保持 20 厘米的距离，不然里面的果实很难保持干爽，容易出现浮皮果。

通风良好的地方，大概 10~15 天果实的重量就会减少 3%。不过，如果箱子内的果实表面结露就不会顺利减重。减重不顺利就会导致浮皮果，这时可以减少箱子堆积数量，改善通风条件。

减重的标准是，当用手抚摸果皮时，感觉十分柔软且富有弹性。如果难以判断，可以将 5 千克果实装入 1 个网袋，在处理中时不时称一下，比较前后的重量差异。

◎ 让着色继续进行的高温处理法

温州蜜柑在温度达到 20℃前，果皮着色进展顺利。未达到 20℃时，温度越高越会促进着色。20℃以上，着色反而会迟缓。利用温州蜜柑这一特性，将着色 8 成的果实放入温度为 15~20℃的贮藏库里，放置 7~10 天，利用高温处理法促进果皮成熟。

处理结束后转为贮藏，选择适合贮藏的果实是最重要的。着色不好的果实或是浮皮果都不适合贮藏。

14 贮藏目的不同，贮藏方法也不同

◎ 促进着色的贮藏方法

对酸度低但着色稍微不太好的果实，如果想让着色变好些再销售，可以进行 30 天的短期贮藏。虽然库内的温度在达到 20℃之前，温度越高越能促进着色，但是温度越高也越容易干燥。贮藏量越少也越容易干燥。如果过于干燥，果柄就会枯萎，新鲜度下降，这时需要在箱子上面放上聚酯长纤无纺布，或是将润湿的报纸铺在库内。

◎ 减少酸度的贮藏方法

想要在销售前减少果实的酸度，必须进行中长期的贮藏。如果贮藏库不能调节温度和湿度，那么操作可能会十分辛苦。

贮藏库内的柑橘量一般每 3.3 米² 大约为 1 吨。如果贮藏用的箱子垒 14 个大概能放入 80 箱，1 箱大约装 12 千克的果实，也就是贮藏量约为 1 吨。

　　贮藏以温度为 3~5℃、湿度为 80% 为宜。在贮藏开始时，一定要注意不要过于潮湿（图 5-8）。即使进行了处理再贮藏，但如果贮藏时的湿度过高，也会将处理效果抵消，还会出现浮皮果，品质也会下降。对 5 吨果实进行贮藏，大约每天有 4.7 升水从果实里出来，消耗 12.6 千焦的热量。贮藏库呈密闭状态时，会变成高温高湿的环境，还可能产生碳酸，所以一定要特别注意换气。库内湿度高时，如果天气好可以打开让干燥的空气进入。如果库内温度过高，可以在早晚打开让冷空气进入。

　　库内上下和吸气孔周围的温度和湿度十分不同，箱子放置地点不同，温度和湿度差异很大。在将果实放入贮藏库 1 个月后，最好将箱子的上下顺序调整一下，顺便检查一下腐坏果。

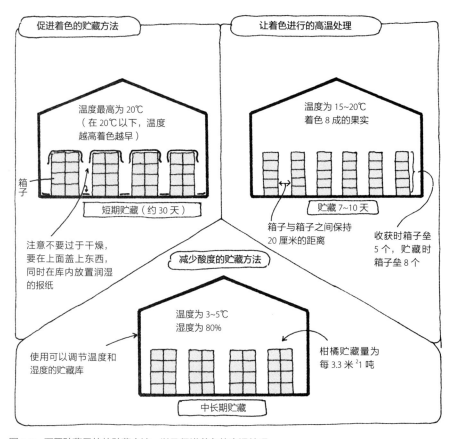

图 5-8　不同贮藏目的的贮藏方法，以及促进着色的高温处理

◎ 温暖地区的贮藏方法

在温暖地区，果实酸度下降很快，浮皮果很早就会出现。和温度低的地区相比，果实无法长期贮藏，不过可以进行中短期贮藏。温州蜜柑中的极早熟、早熟、中熟品种一般以当年或第 2 年 1 月销售为目标，搭配中晚熟品种，可以很好地分散劳动力。

15 把握品质差异的销售方法

水果产量增加、水果进口也在增加，可口的草莓也会从 11 月开始销售，柑橘的收获形势也势必发生改变。如果柑橘没有办法打败那些水果就卖不出高价。因此，最近各地都在打品牌，这样的区分销售在今后会十分重要。

◎ "好吃的柑橘"的糖酸度标准

消费者认为好吃的柑橘，一般早熟温州蜜柑的糖度应在 12 度以上、酸度在 1.0% 以下，普通温州蜜柑的糖度在 13 度以上、酸度在 1.0% 以下。如果糖度下降 1 度，酸度就要低于 0.8%，不然就不可能让消费者感到好吃。

将好吃的柑橘与其他柑橘区分开销售，不过果实之间的糖酸度有波动，比起将糖度和酸度相同的果实分开来，不如努力不要让达不到好吃标准的果实混进来。也就是说，根据"好吃的柑橘"的标准，将糖度高、酸度低的果实集中起来销售。

◎ 柑橘的糖酸度差异

在选果场选好果的箱子里堆积的果实，如果一个个分开检查，就会发现糖酸度的差异非常大。

这是因为一个果园内的果树品质差异较大，1 株树上的果实也有差异。调查了一下 1 个果园内果树之间的品质差异，还有 1 株树上果实的品质差异就发现，1 株树上的果实差异更大。即使按照坐果部位和着色程度划分果实，果实的糖酸度也不相同，还是会留下糖度为 0.5 度、酸度为 0.2% 左右的差异。所以，在选果场即使按照等级来区分果实也会有糖酸度差异的。

如果开发出可以不破坏果实就能测量糖酸度的机器，就能在选果场对每一个果实进行筛选，将品质一致的果实一起销售。不过目前只能预测果实差异，努力不让消费者认为难吃的糖度过低或酸度过高的果实鱼目混珠（图 5-9）。

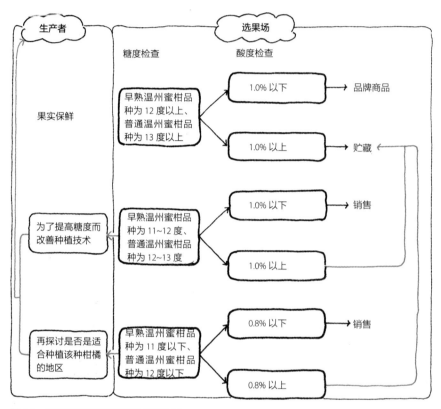

图 5-9　选果场的糖酸度调查及后续处理

◎ 预测果实差异，在选果场检查果实品质

从搬到选果场的果实里挑选几个进行糖酸度检测，平均糖度为 12 度时，大部分的果实糖度会为 11~13 度，一般 12 度以上的占一半，12 度以下的占一半。利用统计学方法进行预测，糖度的误差为 0.5 左右，11.5 度以下的果实约占 16%。同样，平均酸度为 1.0% 左右，误差为 0.2%，1.2% 以上的果实占 16%。所以，从搬到选果场的果实里挑选几个进行糖酸度检测，将糖度为 12.5 度以上、酸度为 0.8% 以下的果实集中起来作为产品，1 箱内大约 85% 的果实糖度为 12% 以上、酸度为 1% 以下。

在选果场，将看起来糖度低酸度高的果实，如着色差、果皮粗或是果梗枝粗大的果实挑出来进行糖酸度检测，如果糖度为 12 度、酸度为 1.0% 以下，那么其他果实的品质只会在这之上，产品的糖度就为 12 度以上、酸度 1.0% 以下。

◎ 预测糖酸度变化的销售方法

选果场的果实会按品质分开销售，在此之前事先预测糖酸度，制订销售计划。收获时的糖酸度和收获前 1 个月的糖酸度息息相关。早熟温州蜜柑在 10 月上旬、普通温州蜜柑在 10 月下旬，从 1 个果园中挑选出 10 株果树，1 株果树检测 1 个果实。

早熟温州蜜柑在这个时间点的酸度为 1.3%，11 月上旬酸度就会降到 1.0% 以下。糖度为 11 度时，11 月上旬绝对会升到 12 度。如果这时糖度是 10 度，如果之后晴天多，那么 11 月中上旬一般会升到 12 度。

普通温州蜜柑酸度为 1.2% 以下，12 月上旬就会降低到 1.0%。糖度如果不到 12 度，一般就不可能升到 13 度了。

糖度和酸度的测定方法如下：

对品质好的果实，先检测糖酸度再收获是最好的。最近，各个选果场都有检测糖酸度的机器，在那里检测就好。我自己也时不时检测一下，所以检测用的器具都很齐全。

测量糖度的工具有手持折光计。便宜的折光计价格在 1.2 万日元左右。将果汁涂在玻璃面往里望能看到灰色的分界线。这个分界线的数值就是糖度。

检测酸度时需要准备试管和 10 毫升和 20 毫升的注射器 2 个，还有 0.1% 氢氧化钠溶液和酚酞。0.1% 氢氧化钠溶液可以买到。而 0.1% 酚酞溶液可以将酚酞溶于 60% 的乙醇制成。因为使用的量不多，所以很快就能准备好。

①用 10 毫升的注射器吸取 3~5 毫升果汁，放入试管中。②滴入指示剂酚酞溶液 4 滴。③用 20 毫升注射器吸取氢氧化钠溶液，一边将注射器里的氢氧化钠滴入装有果汁的试管，一边晃动试管使其混合。④当果汁变红时，查看氢氧化钠溶液的使用量。⑤酸度的计算方法是（氢氧化钠溶液的用量 ×6.4）÷5。"5"是果汁的量，如果取了 3 毫升的果汁，这里就除以"3"。

市面上也可以买到可同时检测果汁糖酸度的日园连式果汁检测器，其价格在 1.38 万日元左右。可以用比重计代替折光计来检测糖度。

检测酸的原理与上边的方法相同。酸度的刻度数值可以按氢氧化钠溶液为 0.156% 来计算，如果使用这个浓度的氢氧化钠溶液，直接读取数值就可以了。如果使用买来的 0.1% 氢氧化钠溶液，按读取数值的一半，采用上面的公式计算就行。

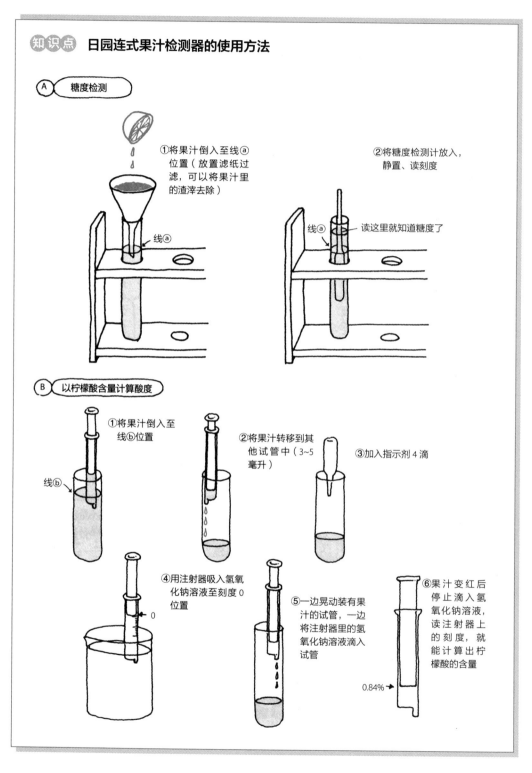

知识点 日园连式果汁检测器的使用方法

A 糖度检测

①将果汁倒入至线ⓐ位置（放置滤纸过滤，可以将果汁里的渣滓去除）

线ⓐ

②将糖度检测计放入，静置、读刻度

线ⓐ

读这里就知道糖度了

B 以柠檬酸含量计算酸度

①将果汁倒入至线ⓑ位置

线ⓑ

②将果汁转移到其他试管中（3~5毫升）

③加入指示剂4滴

④用注射器吸入氢氧化钠溶液至刻度0位置

0

⑤一边晃动装有果汁的试管，一边将注射器里的氢氧化钠溶液滴入试管

⑥果汁变红后停止滴入氢氧化钠溶液，读注射器上的刻度，就能计算出柠檬酸的含量

0.84%

第 6 章
改植和更新

1 为什么需要改植?

截至 1965 年,日本的柑橘新植园激增,之后新植园反而减少,所以目前日本树龄超过 20 年的柑橘树占全体的 70%,这个比例十分不正常(图 6-1)。再过 10 年,树龄超过 30 年的树就会占 70%,柑橘整体都进入老龄化。一些老产地都在积极改植,但还有很多柑橘园仍然以树龄超过 40 年的树为主体。

柑橘生长超过 40 年,产量就会下降,作业效率也会降低。即使想引入极早熟温州蜜柑或是高糖度品种,因为树龄过大也不能进行高接更新。而且因为品种单一,导致收获期劳动力用量集中,不得不临时雇工。最近不仅是收获,连疏果也有果园在使用临时工。考虑到雇佣费用高涨,还是费些工夫改植老果园为将来做打算,花些精力将产量高的果园改造成集约种植,从长远来看还是有利的。

老果园的改植要先间伐,拉开树与树之间的距离,然后在其中种植苗木,进行这样简易改植的比较多。这样确实也是改植,不过改植是将果园打造成高品质和省力化果园千载难逢的机会,一定要把握好。

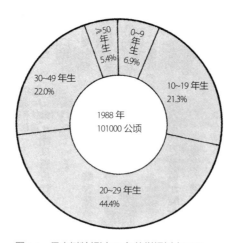

图 6-1 日本树龄超过 20 年的柑橘树占 70%

2 打造可以利用机械并能提高糖度的果园

◎ 陡坡果园的改造

柑橘园需要有能让中型机械进入的道路。已经铺设了道路的果园很多，不过如果需要重新设计道路，可以设计为舟形，兼作排水沟，这样比较便利。并且考虑到机械拐弯，道路至少要宽 3 米左右。

快速喷雾机和小型运输车的宽度为 1.3 米，所以园内作业道至少宽 1.5 米。如果作业道宽 1.8 米就更宽松了。如果田地和作业道合起来宽 5 米，株距为 5 米，1000 米^2 就能种植 40 株。台阶高度要在 1 米以下（图 6-2）。

从田地一端 90 厘米处，在台阶高度一半的地方切下并取土，堆在下面的田中，重新打造台阶。田的宽度会减少 1.8 米，台阶高度会减少到之前的一半。

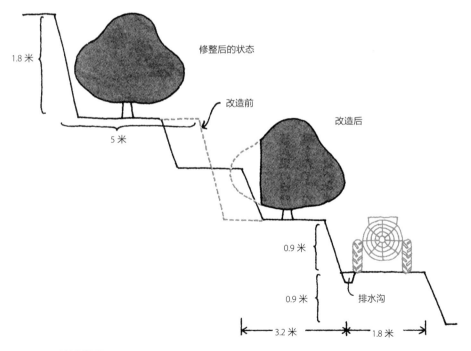

图 6-2　陡坡柑橘园

改造前的田宽 5 米，当倾斜度为 15 度时，改造后田宽 3.2 米，台阶高 70 厘米，作业道宽 1.8 米，就是很理想的改造了；当倾斜度为 20 度时，台阶高 90 厘米；当倾斜度为 25 度时，台阶高 1.2 米。

如果改造前的田宽 4 米，那就用同样的方法改造，改造后田地宽 2.2 米，作业道宽 1.8 米，田地和作业道相互交替。改造后田地会变窄，不过台阶会与现在一样高。倾斜度不同时种植部分和作业道的配置也不一样（图 6-3）。

改造前田地宽 3 米，改造后铺设作业道，变成作业道比田地还宽的果园。也可以不改造，将从田端开始的 1.8 米当作作业道使用，在田端种植柑橘树比较好。因为快速喷雾机的车高 1.2 米，所以亚主枝的搭配较好时，可以从树的一侧下方开始防治。

作业道面向山侧，反坡设置排水浅沟，兼起防滑作用。这个沟面向道路有 2~3 度的倾斜，可以排掉田地里多余的水。

机械可以在道路上拐弯是最理想的，不过即使果园一侧有道路，两端都有的倒是不多。这样要在作业道的两端设置拐弯用的连接作业道。拐弯处如果倾斜度比较大会很危险，所以上下道路连接的拐弯处要保证 8 度以内的倾斜度。拐弯道的宽度最好在 2.5 米左右。

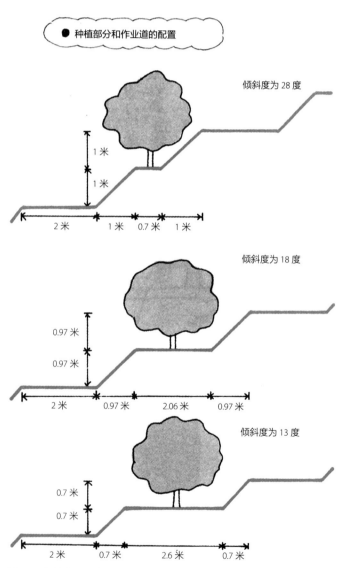

图 6-3　倾斜度不同时种植部分和作业道的配置

◎ 缓坡果园的改造

在缓坡山地打造的果园，至今都是按照等高线来种植的，其中的很多果园排水差。改植时，要打造出与等高线成一定角度的果园，方便排水。等高线与种植面所成角度越大，排水越好。虽然这样做容易造成土壤流失，不过可以通过生草栽培来缓解（图 6-4）。

如果在种植面堆土，那么排水会更好（图 6-5）。这个方法适合大津 4 号和青岛温州蜜柑品种的改植。采用这种方法，如果不准备灌水设施恐怕会有干旱的危险。

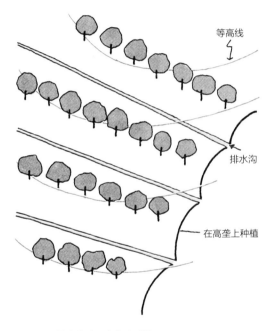

图 6-4　与等高线成一定角度种植

图 6-5　在种植部分堆土，方便排水

◎ 在即成果园内铺设作业道

如果中型机械无法进入，至少也要铺设 1 米宽的作业道，让小型机械可以使用，这样也会省不少力。对这种程度的改造，不论是既成果园、陡坡果园还是缓坡果园都会有很多地方可以进行。改植的方法基本一样，上一层的柑橘田保留宽 50 厘米，切到台阶的一半高，将土堆在下一层的田上，就能做出一个 1 米宽的作业道。进行这个作业时，向纵沟倾斜，还可以兼作排水沟，方便果园排水。

3 大苗培育

◎ 以缩短没有产量的时期为目标

更新时最好尽可能缩短没有产量的时期。将事先育好的苗木定植，定植 1 年后，树龄为 4 年的开始结果，这样可以缩短没有产量的时期。

◎ 温室育苗

（1）1 年就能培育成大苗　在温室中用缸或肥料袋种植苗木，苗木生长发育会很快，抽枝也好，1 年就能变成大苗。但是，不要把细根全部切掉，因为需要定植，不要造成伤口。

使用化纤编织的肥料袋种植可能会更简单。将在袋中种植的苗木相隔 25 厘米，排成两行。作业用通路为 90 厘米，每米²可以培育 6 株，根据要培育苗木的数量来搭建温室。

温室育苗需要进行浇水、施肥、管理芽、摘芯、防治病虫害等精细的管理工作，最好设置在离自己比较近、浇水方便的地方。

（2）失败大多是因为用土的问题　对苗木的生长发育影响最大的是用土。很多人拿着自己苗来问"它生长发育得不太好，帮我看看吧"，其实多数是用土不好的问题。如果土壤透水性不好，其他管理不管多好也长不出好苗。浇水后大致能排出水的颗粒较粗的土壤是最适合的。我一般使用玄武岩形成的黏土、鹿沼土和肥料等比混合配成用土。

每袋可装入约 20 千克的土壤。7 千克的土中加入完全发酵的堆肥 7 千克、钙镁磷肥 50 克、有机配合肥料（氮素占 7%）200 克，混合后放入容器。在 3 月下旬将没有混进堆肥和有机配合肥料的剩下的约 7 千克土加入。

（3）枝条伸展良好的苗木的修剪位置　从苗木嫁接的地方开始，保留 25~30 厘米长，剩下修剪掉。春梢和夏梢的交界处的芽被称为轮状芽。这样的芽会抽出许多新梢，所以枝条伸展能力较弱。在夏梢基部有 2~3 个芽被称为盲芽，分化能力比较弱。

如果苗木的春梢伸长到 30 厘米，在轮状芽的下方进行修剪。如果春梢在 30 厘米以下，夏梢就需要进行修剪，在盲芽的上方修剪，留下 2~3 个芽（图 6-6）。

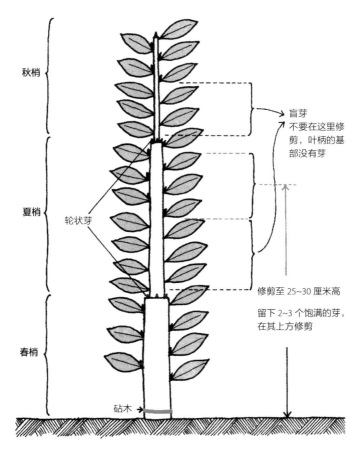

秋梢

夏梢

春梢

轮状芽

盲芽
不要在这里修剪，叶柄的基部没有芽

修剪至 25~30 厘米高

留下 2~3 个饱满的芽，在其上方修剪

砧木

图 6-6　苗木的修剪位置

（4）**生长发育时的管理要点**　3 月下旬 ~4 月上旬定植，定植后 4~5 天每天浇水。之后的 4~6 月，每 3 天浇 1 次水；7 月，每 2 天浇 1 次水；8 月，每天浇 1 次水；9 月以后温度下降，每 4 天浇 1 次水为宜。如果赶上阴雨天可以将浇水间隔拉长；如果赶上让新叶边缘卷曲的极端干燥天气则要区别对待。其实，潮湿比干旱对苗木发育造成不好影响的例子更多。

浇水会让肥料流失，肥料少苗木生长发育就差。相反，在局限的土壤中生长发育，可能会因为肥料过多导致根系浓密。4~6 月和 8~9 月施用有机配合肥 40 克，每月施 1 次，每年共施用 5 次。每株苗木施用的氮素为 32 克，包括底肥的。

覆盖地膜是从 4 月开始到梅雨期结束为止，不过到 5 月上旬要尽可能提高夜晚温度。白天温度可以通过开合地膜调节到 35℃以下。植株越早萌发春芽，夏芽就越早饱满，到秋芽就成了能使用的大苗了。

（5）**枝条伸展和疏芽，搭支柱**　在春梢可以伸长到 1 厘米的 4 月中旬要进行疏芽。除了圆的三等分方向萌出的、距离嫁接处 15 厘米的那个芽，顶端的 2 个芽，以及预备用的 2~3 个芽之外都要疏除。另外，同一个地方萌发出数个芽时，留下那个抽枝抽得最好的，将剩下的芽疏掉。在春梢伸长结束的 5 月下旬，从 5~6 根枝条中选择 3 根主枝，搭支柱进行牵引（图 6-7）。

从春梢上会抽出夏梢。在夏梢伸长 1 厘米左右时，在 30 厘米以上的春梢上留下 2 根夏梢，如果春梢伸长不太好就留 1 根夏梢，剩下的夏芽要修剪掉。留下 2 根夏梢时，最好不要留下 2 个都出自顶端的夏芽，最好是顶端留 1 个，下面再留 1 个。摘掉 8~9 片

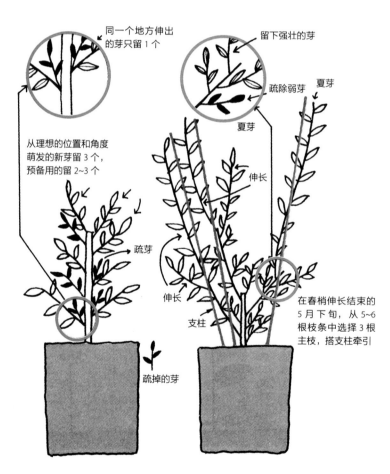

图 6-7　疏芽和搭支柱

叶子以充实夏梢。温室育苗时，之后抽出的新梢也和夏梢一样管理。

自然开心形树形有 3 根主枝，以主干为中心，是一种有效利用空间的树形，不过改植田宽不足 3 米的果园时，2 根主枝打造成的长方形比 3 根主枝可能更合适。疏芽时，正对面萌出的芽可以作为主枝的候补枝留下来，其余都要疏除，3 根主枝都采用这个管理方法。

1 年时间就可以培育成大苗，第 2 年春季就可以定植了。

◎ 覆盖地膜的露地育苗

温室育苗如果用土不当会导致初期生长发育差，无法培育成大苗。适时施用适量肥料，不然容易出现营养不足，施用过量也对生长发育不好。

日常管理就是浇水，即使再忙也要每隔 2~3 天浇 1 次水。另外，温度管理和新稍管理都要集中进行。如果没办法集中进行时，可以选择露地育苗。

最近，育苗园都用黑色的地膜覆盖，省去了水分管理和除草的工夫，并且露地育苗还可以促进苗木的生长发育（图 6-8）。

按株距为 30 厘米的两行种植，行距为 60 厘米，1000 米^{2}可以培育 600 株苗木。

在高 20 厘米、宽 90 厘米的垄上种植，1000 米^{2}施用完全发酵的堆肥 2 吨，中氮素含量为 24 千克的 300 天型的被覆肥料，速效性的化肥中的氮素含量为 10 千克的速效肥，将这些肥料充分混合。

地膜育苗时，要用开了孔的黑色地膜覆盖。4 个人一起铺地膜的效率会更高。其他的管理方法和温室育苗一样。和温室育苗相比，露地育苗温度较低，会稍微影响苗的生长发育，不过可以大幅节约劳动力。

图 6-8　覆盖地膜育苗时苗的生长发育状况

4 苗木的定植管理

◎ 考虑到作业方便和产量、品质的定植计划

改植时，趁着树小可以多种一些，提高初期的产量，当有必要间伐时，可以通过移植扩大改植面积，这样更有效率。当长成成年树时，树宽需要靠经验判断。一般 20 年树龄的树，岩崎早生品种的株行距为 3.5 米 × 5.0 米，原口早生品种的株行距为 4.0 米 × 5.5 米，伊木力温州蜜柑品种的株行距为 5.0 米 × 6.0 米，大津 4 号和青岛温州蜜柑的株行距为 5.5 米 × 6.5 米。定植计划一般是趁着树小，在株间或行间补充种植。行间要留出可以作业的空间，岩崎早生品种是 1.7 米，原口早生品种是 2.0 米，伊木力温州蜜柑品种是 2.5 米，大津 4 号和青岛温州蜜柑是 2.7 米。不管哪一种，对 8~9 年生的树要进行千鸟间伐，对 12~13 年生的树进行行间伐。

之后的品种可能都会以 10 年为单位进行更新，不过对 10 年的中间砧，可以用高接更新来导入新品种。

◎ 初期生长发育好的定植方法

好不容易培育的大苗，如果定植后的生长发育不好，苗的好处也显现不出来。如果以早期多产为目的，定植后 1 年的生长发育是否旺盛是很重要的。

（1）**从第 2 年开始就结果的用土方法** 我一般在柑橘地里将堆肥、石灰、钙镁磷肥混合，虽然进行了改植，但生长发育不好，也会浪费大苗的效果。对改造田地时削下来的土进行土壤改良，然后用于种植，树的生长发育就会旺盛，定植 1 年后就可以结果。

果树在同一个地方重新种植，容易出现生长发育不好的现象，桃树就是一个典型。柑橘中的温州蜜柑是比较不挑的，只要在种植的地方放入新土，生长发育就会变好。将作业道做成倾斜的，将挖出的土堆在果树那里也是一种方法。定植穴中放入完全发酵的堆肥 20 千克、苦土石灰（白云石灰）2 千克、钙镁磷肥 500 克混合备用。

（2）**定植时让根系和土充分接触** 温室育的苗有许多细根，如果只在定植的地方挖 1 个定植穴，没有其他操作就种下去，因为育苗用土和田地的土有很大不同，所以会导致新根难以伸展。将苗木外侧的土抖落，根就会径直伸展出来，让碎土和根充分接触，

对苗木初期生长有好处。

（3）**黑色地膜可促进生长**　苗木定植后覆盖黑色地膜可以防止土壤干燥，也可以不让杂草生长，省去灌水和除草的工夫（图 6-9）。

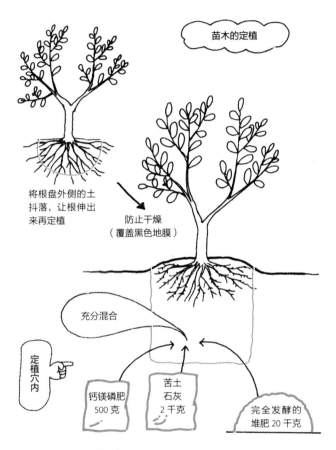

图 6-9　苗木的定植要点

◎ 提高品质的幼树施肥方法

和 1955—1964 年的施肥标准不同，最近的施肥标准是，对 10 年生以下的果树，氮素少于 30%；对 10 年生以上的果树，氮素稍微多一些。并且虽然进行了 1 米深的深耕，但只在定植穴内施用堆肥。这样定植时准备的土就会有很大不同，定植 1~2 年后就开始结果，枝条伸长不多，树形容易健壮。

树不高，从作业上来说是很好的，不过极早熟品种、早熟温州蜜柑这样树势弱的品种，树龄增长，果梗枝粗的果实会变多，果实品质差。对树势弱的品种，在定植后1年内，要增加基础施肥量，在夏梢伸长期追肥氮素2~3千克，或是在叶面喷洒氮素肥料，让夏梢充分伸展。

◎ 第2~3年开始要管理枝条

（1）配合苗木生长发育，进行主枝牵引　如果定植时不进行牵引，那么强势的主枝就会越来越强，弱势的主枝就会越来越弱，最后变成近似主干形的树形。定植时就开始牵引主枝比较容易打造出合适的树形。

牵引的方法不同，新梢抽出和伸展也会有区别。主干和主枝的角度越大，新梢抽出越弱；主干和主梢角度越小，新梢抽出越好。但牵引时，要让强势的主枝和主干的角度大，弱势的主枝和主干的角度小，这样将主枝聚拢在一起。牵引时，如果主枝的前端立起来，新梢就会抽出得很好。如果斜着牵引主枝，顶端的新梢生长就会变差（图6-10）。

图6-10　斜着牵引的主枝从中间抽出新梢

牵引的方法是，首先用支柱固定主干。将固定主枝的支柱立在圆的三等分的位置上。支撑伸长很多的主枝的支柱要稍微远离主枝，伸长越差的主枝，支柱离主干越近。离主干的距离一般为主枝长度的1/3。比如主枝长60厘米，那么就在离主干20厘米的位置上立支柱（图6-11）。

从主枝基部的1/3处开始固定支柱。为了主枝的顶端立起来，在主枝顶端附近也要固定。从主枝基部到固定位置的长度，与固定位置到顶端固定位置的长度比为1：3。如果主枝基部到固定位置的长度比固定位置到顶端固定位置的长度还长，那么主枝会变弱，且很容易出现徒长枝。

主枝顶端不固定而是斜着牵引，枝条中间就容易出现徒长枝，主枝也会变弱。即使不出现徒长枝，主枝也会变弱（图6-12）。

（2）主枝的长度和苗木的修剪　从主枝抽出的新梢的顶端会萌发出3~4个芽，这些芽下面一般就不会再萌发新芽了。

而且离顶端近的新梢长势好。所以如果主枝过长，就会从离主枝基部很远的高处抽

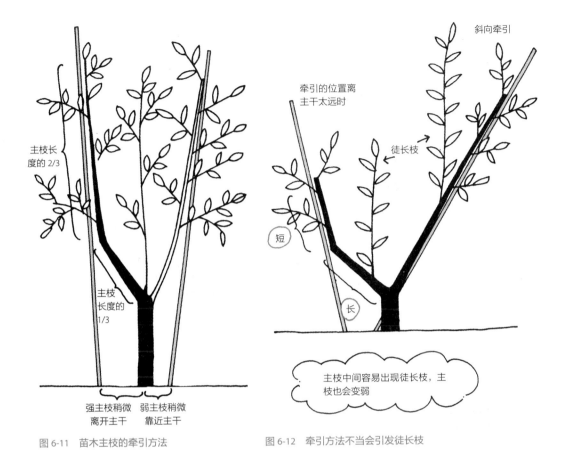

图 6-11 苗木主枝的牵引方法 图 6-12 牵引方法不当会引发徒长枝

出新枝。而如果从主枝基部附近抽出的枝条多，这些枝条会很健壮，果树也不会太高，
这是我们需要的。

对育成的苗木，若夏梢留下 2 根，在夏梢的 1/3 处进行回缩修剪再定植。

对育成的苗木，若夏梢留下 1 根，从基部开始在 50~60 厘米处进行回缩修剪，然后
再定植。

对育成的苗木，若夏梢超过 1 米，牵引枝条水平伸展，从弯曲处会抽出枝条变成主
枝。为了牵引枝条水平生长，必须使用竹竿，牵引很麻烦，不过一旦成功，用 1 年时间
就可以形成扇形树形。

（3）春梢、夏梢的伸长和管理 结果一般会在定植后第 2 年或者第 3 年。让定植当
年的夏梢充分伸展，长出亚主枝和候补枝等。从春梢的顶端伸出 3 根以上的夏梢时，留
下 2 根强势、1 根弱势的春梢发芽。主枝的顶端抽出的夏梢充分伸展后会下垂，需要用

支柱牵引才能很好地生长（图 6-13）。

定植后第 2 年，树的叶数一般会超过 1000 片，1 株能结 30~40 个果。这时，对主枝和亚主枝顶端的夏梢进行回缩修剪，其他的夏梢不用修剪。

特别是第 1 次结果的果树，果实长得过大容易导致品质下降，最好让结果的枝条多结果。结过果的枝条一般第 2 年都不会开花，不过从果梗枝和疏果枝上会长出数根营养枝，短枝会非常多，树势也慢慢稳定下来。

没结果的枝条又会伸长 1 年，对夏梢全部在 1/3 处进行回缩修剪。疏花稳定后新梢的生长发育就会变好。

图 6-13　初次结果的 3 年生树的生长发育状况

5　移植

改植初期为了提高产量会种植许多株，当第 1 亚主枝和相邻的树出现枝条交叉时，就需要移植了。如果不及时移植，就会出现密植的后遗症。尽早移植能够提高品质。顺利移植能够促进改植顺利进行，是一种合理的改植方法。

◎ 移植时改变树形进行整枝修剪

在挖掘时会出现必须断根的情况，进行改造基本树形的修剪时，要保持地下和地上部分的平衡（图 6-14、图 6-15）。

温州蜜柑的基本树形是主枝向圆的三等分方向径直生长，相邻的主枝上的亚主枝不要重叠，1 根主枝上一般保持 1~2 根亚主枝。亚主枝上有侧枝，不过侧枝不能是直立枝。

对移植树的修剪，首先对主枝顶端附近的强侧枝、亚主枝上的直立枝进行疏剪。然后，主枝上的第 2 亚主枝比第 1 亚主枝要短，对亚主枝上的侧枝进行回缩修剪。也就是说，主枝、亚主枝各自形成三角形（图 6-16）。

图 6-14 移植树修剪前

图 6-15 移植树修剪后

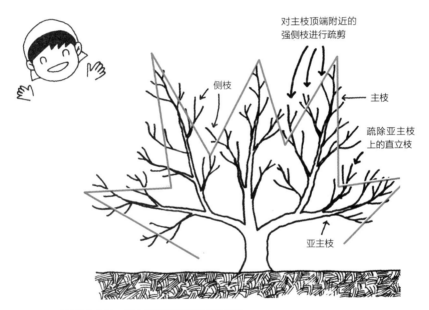

图 6-16 移植园的主枝、亚主枝通过修剪形成三角形

◎ 叶多生长发育就好

如果等叶子全部掉落再移植，移植后的新梢会一起发芽，不过抽出枝条会比较短，叶子也会变小。种植时没有什么损伤，新梢发芽也很顺利，看起来生长发育不错，但是之后的生长发育就变差了，不等抽出夏梢就到了冬季，这种情况也是有的。

如果移植时叶子还有很多，可能移植后就不会抽出多少新梢。新梢虽然不太整齐，但是枝条伸长好，新叶也大，移植后活性不错，能抽出不少夏梢，第 2 年也会结果。

带着许多叶子移植，之后的生长发育会很好，不过在挖掘时如果细根过少，叶子蒸腾作用和根系的吸水作用不平衡，新梢抽出就会延迟，甚至枝条最终会枯萎。如果带着很多叶子移植造成最终活性不高，还不如不带叶子移植呢。

树龄在 10 年以上的树，或是预先经断根的树，修剪好基本树形后就可以移植了。树龄超过 10 年、挖掘时切断了 50% 细根的树，要对超过一半的 2 年生枝条进行修剪。细根比较少的树，基本不带叶子移植。

◎ 用断根来减少种植伤害

树龄超过 10 年的树，在远离主干的地方细根比较多，挖掘时容易切断细根，让根系变少。根切断后的伤口被愈伤组织堵住，然后会从愈伤组织中抽出新根。在计划移植有一定树龄的树时，事先先进行断根处理，这样主干附近的根就会变多，挖掘出的树的细根也会增多，移植时就可以带着很多叶子（图 6-17、图 6-18）。

在 9 月前断根，当年就可以生出新根。在 10 月断根，就会在形成愈伤组织后越冬，第 2 年新根才会长出。断根过早新根会很快长出，等到挖掘时又容易被切断。

秋季移植的树在 6 月断根。第 2 年春季移植的树，在 7 月，最晚在 8 月下旬进行断根。

断根后，新根一般在新叶多的树或是结果量少的树上生长更好。所以可以事先疏果让结果量变少。

挖 1 个距离树干 70 厘米，深 30~40 厘米的定植穴，断面的根可以用大剪刀剪切。剪刀修剪的切口光滑平整，更容易形成愈伤组织，能够更好地长出新根。

图 6-17　没有断根，直接挖出来的移植树的根

图 6-18　断根后细根增加

◎ 可以移植的时期在 1 年中有 3 次

可以移植时期为柑橘树生长发育之前的 3 月上旬 ~4 月中旬、迎来梅雨期的 6 月上旬、生长发育不旺盛的 10 月，1 年中共有 3 个时期，其中最适合的时期是 3 月。移植得好，新梢就会迅速发芽，之后的生长发育就进行得顺利。10 月移植的树能够活着就能顺利越冬，好处是发芽早的树生长发育就会好，坏处是低温会让植株遭遇寒害。6 月雨水多，不过之后会迎来夏季的高温期，没有事先断根的树会遭遇较大伤害。

◎ 不让树受伤的挖掘方法

利用吊葫芦起重环链和挖土机。最好在 3 月中上旬，树液不太流动的时期，使用吊葫芦起重环链将树吊出来。挖得太迟，树皮容易脱落，在树的周围挖，切断直根后用吊葫芦起重环链吊起来。断过根的树的直根并不太深，所以挖掘时比较简单。对没有断根的树，在周围挖掘后用吊葫芦起重环链吊上来（图 6-19）。

在周围挖掘时，用刀刃长 60 厘米的电锯锯土比较有效率，最好在土壤湿润后再操作。不过这种方法不能在石头过多的地方使用（图 6-20）。

图 6-19　挖出来的移植树

图 6-20　可以用电锯来挖土

◎ 确认植株成活后再移植

定植穴直径为 1.5 米、深 40 厘米，在定植穴中放入完全发酵的堆肥 20 千克、钙镁磷肥 500 克、苦土石灰 2 千克，将这些和土壤充分混合备用。

在混好土后再移植，就不可以深植了，将土壤填回定植穴，充分浇水（图 6-21）。

断过根、细根多的树，很容易带着土挖出来，所以移植也很简单。

如果细根较少，挖出时土就会掉落。这样的树在埋到一半时要充分浇水，让土进入细根之间。全部盖上土后再浇 1 次水。注意，太粗的根之间，很难被土壤填满，如果根之间没有多少土就很难吸水，最后导致干燥。

移植后要覆盖稻草或地膜来防止干燥。从效果来看，覆盖地膜的效果更好。使用黑色的地膜还可以防止杂草生长，节省除草的工夫。

图 6-21　将移植树埋入定植穴后浇水

◎ 移植后出现枯叶、落叶的对策

如果移植后叶子没有枯萎，保持这样就好。另外，叶子没有枯萎但是落叶了，说明根还在工作，所以也不需要担心。如果叶子枯萎了，就说明跟根比起来叶子数量过多，需要疏掉一半叶子才可以。有些人觉得只疏叶非常麻烦，就连枝条一起疏掉了，但是这样做抽出的新枝就会变少，所以最好只疏叶。

移植的时候修剪掉了不少叶子，新梢抽出不多，树干和粗枝被阳光暴晒容易得树脂病。用白漆涂刷树干和粗枝就比较安全了。

6 高接更新

◎ 高接更新失败的原因较多

引入新的品种品系时，为了提高早期产量，高接更新是最迅速的方法，能够收获品质好的果实。高接更新是为了在早期收获优质的果实，但经常看到活性不高、中间砧很弱的果树。高接更新失败多为：第一，中间砧的树势很弱；第二，接穗的贮藏性差；第三，嫁接时期不合适；第四，对嫁接技术不熟悉等原因。这些都是导致嫁接失败的原因，不过树势弱的树进行高接更容易失败。

树势可以根据大枝的颜色判断。枝条上有白筋、枝条壮实都是树势强的证明，树势弱的树枝条里看不到白筋、整体发黑。树干上有苔藓的树是最弱的。这样的树一般高接后的活性不会好，即使活下来了也不怎么抽出新枝，早期高产是很难的。

对树势弱的树，可以通过堆肥来改良土壤，增加施肥量，等到树势变强后再进行高接。

◎ 接穗的数量决定早期产量

一般 1000 米^2 的面积使用 5 千克接穗。1000 米^2 一般种 75 株树，接双芽时，每株大概接 35 穗；接单芽时，每株大概接 50 穗。树龄越小接穗越容易成活，这样的嫁接量可以在一定程度上维持树势并保证初期产量。因为嫁接很费工夫，还有不舍得用接穗的原因，实际上接穗的数量要比这个量少。如果接穗少，树势弱的极早熟品种在初期产量就不会高，之后增产也困难。

高接更新以早期高产为目的。嫁接的接穗数决定早期产量。嫁接接穗多，嫁接费工夫，不过产量也高；接穗少则初期产量不高，树势恢复也要经过很多年，之后增产也困难。

我嫁接的接穗量一般是标准的 2 倍。对侧枝上的直立枝进行疏剪，修剪出基本树形后，对剩下的直径在 2 厘米左右的枝条，在顶端进行回缩修剪。每隔 15~20 厘米进行双芽嫁接。

根据树龄不同，使用的接穗数量也不同。14~15 年生树大约嫁接 70 个芽，树龄在 30 年的树嫁接 100~120 个芽。嫁接多多少少都会费些工夫，不过高接后 3 年就能恢复之前产量的 7~8 成。树龄大的树接穗数多比较好。接穗多，树龄在 30 年以上的树的树势也基本上不会变弱，可以进行高接。

看到接穗多的树，一般人都会想"嫁接这么多接穗一定很费工夫，这样的嫁接一般农家做不来吧。"但是嫁接3年后和就能恢复到和现在的产量基本没有差别了。

◎ 根据树的状态选择更新方法

（1）改造成能让果实品质变好的树形　高接更新是改造树形绝好的机会。不过，依然保持密植，并将第1亚主枝进行强回缩修剪，或是不修剪直立枝就这样嫁接的种植园不在少数。

让亚主枝水平生长，对亚主枝上强的直立侧枝进行修剪，打造成枝条顶端下垂的树形，更能结出好的果实（图6-22、图6-23）。

图6-22　高接的树形

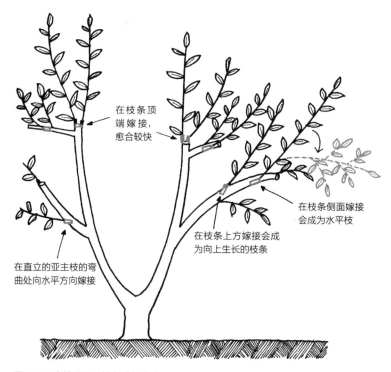

图6-23　高接位置和枝条生长方向

知识点 **高接的顺序**

准备接穗

①

②

削的角度为 50~60 度，然后削反面。如果反面的角度过大，和砧木的接触不好，活性就会下降，新梢生长发育都会不好

③

⑤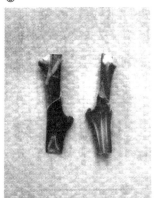

将接穗切至留下 2 个芽，将嫁接胶带稍微拉长裹在其上。包裹时注意，在切口处不要拉伸胶带。如果将胶带在此处拉伸，胶带就会很薄容易破损，这样接穗就会干燥。但芽的地方包裹的胶带过厚也不容易萌发

④

削薄到可以看到反面正中的白筋（木质部）

腹接法

① 在砧木木质部坚硬的部分斜向下削 3~4 厘米。削的角度大，很容易就削到木质部，所以不要削得太深。开始的时候最好顺着枝条削

②

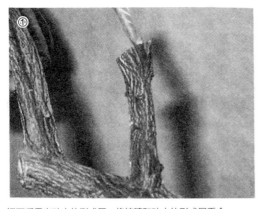

将接穗牢牢插在砧木上

嫁接胶带要缠到砧木开始削的位置的上方。因为接穗已经用胶带缠住了，所以只缠砧木和接穗的固定位置就行

③

切接法

①
切下后露出砧木的形成层，将接穗和砧木的形成层重合

②
将嫁接胶带缠到砧木的顶端。和腹接法一样，不要缠接穗

对密植园，先要进行间伐。特别是用青岛温州蜜柑、大津 4 号等树势旺盛的品种进行更新时，因为它们要比现在的品种枝条伸展更旺盛，更容易形成密植状态。千万不要好不容易更新了好的品种，结果什么作用都没有发挥就结束了。

对高接树，主枝以外的直立枝要全部修剪掉。另外，第 1 亚主枝要尽可能留长，用来嫁接。

高接时，为了缩减树高，有些树会被切短主干后再嫁接，不过树龄大或树势弱的树如果切短主干，树势就会更弱。

如果更新为树势弱的品种，第 2 亚主枝也要嫁接。在第 2 亚主枝的上方切断主枝，然后进行嫁接。

（2）**熟练运用腹接法**　整枝十分彻底、水平侧枝多的树，也可以用侧枝嫁接后。直立侧枝多的树，侧枝嫁接后还是会变成直立枝，这样的树适合采用腹接法。

采用腹接法时，为了接穗出来的新梢生长良好，一般在枝条的斜上部腹接。这也是更新树的侧枝多会出现直立枝的最大原因。一般在枝条的横向部位腹接。如果中间砧嫁接有直立的可能，可以在稍稍下方的部位嫁接。腹接的嫁接部分，接单芽时要特别注意。接双芽时，即使上面的枝条强，因为下面的水平枝长出来了，也要通过修剪来替换成水平侧枝。

◎ 需要辅养枝吗

嫁接时，在中间砧的主枝、亚主枝、侧枝顶端留下 50~100 片叶子，也就是说带着辅养枝嫁接的比较多。辅养枝是为了防止嫁接后根枯萎，提高存活率而存在的，中间砧上修剪得越重嫁接效果才会更好；如果保留辅养枝，发芽会不整齐、新梢伸长也不太好。辅养枝越强新梢抽生越差，为了不让辅养枝过强，需要将辅养枝上的强势新芽疏除。另外，对直接从中间砧上长出的强势新芽也要疏除。如果疏芽迟了，中间砧上的芽长势变强，就需要修剪了。

我一般在嫁接时不留辅养枝，不过树势也不会变弱。接穗多则活性好，即使没有辅养枝新梢发芽生长比较一致，也不用担心树势低下。辅养枝是接穗少、叶子少、树势弱时的应急手段。

◎ 活性不高时的对策

嫁接后天气不好容易导致新梢伸长差，叶子减少，树势变弱明显。极端时树会枯萎。对这样的树，要好好保留从中间砧出来的新芽（砧木芽）。在活性不高的地方，将水平生长的砧木芽从基部2~3厘米处切断，第2年嫁接，会迟1年结果，但更新会顺利。

嫁接后，中间砧会抽出许多新枝。如果嫁接顺利，留着这些新枝会妨碍嫁接苗生长，所以基本都要疏除。不过也可以留下砧木芽，即不疏芽。

留砧木芽的要领是，从枝条正上方出来的砧木芽要尽快疏除，只留下水平生长的砧木芽。即使留下正上方的芽进行切接，也因侧枝是直立枝而无法使用。不过即使修剪了，也会从修剪处会长出很强的隐芽，切接后也不得不进行疏芽。

◎ 高接不失败的要点

（1）**中间砧的切口保护**　高接时，因为对直立枝进行修剪会留下很大的切口，愈合不好会导致枝条枯萎。如果主干附近的大枝上的伤口愈合不好，腐败细菌就会从那里进入，十几年后整株树都会枯萎。在切口处涂抹嫁接药剂会愈合得比较好。涂抹上嫁接药剂后再在其上覆盖保鲜膜，就能很快形成愈伤组织。

（2）**切口要平整**　要使用嫁接刀的刀刃前端将接穗削薄，削反面时要用嫁接刀的刀刃中部，削砧木时要用刀刃的基部。削薄接穗的顶端时，如果切口不平整会降低成活率，如果接穗顶端起了毛边，一定要好好用刀修整。

（3）**防止日晒**　嫁接树的叶子掉落后，砧木上方会被阳光直射，温度上升，可能会发生日灼。为了防止日灼，尽早在砧木上方涂刷白漆（图6-24）。

（4）**成活率和疏芽程度的关系**　如果放任接穗附近的强砧木芽不管，接穗伸长状况就会变差，所以需要疏芽。接穗的成活率在80%以上时，砧木芽要全部疏除。如果成活率在80%以下，在成活率不高的地方可以保留水平生长的砧木芽。

图6-24　高接的大枝切掉后的处理和防止日灼

◎ 春梢摘心会降低树的质量

嫁接的第2年枝条数增加，为了让果树开始结果，很多人都会将从嫁接穗上抽出的春梢摘心。但是，摘心之后从春梢上抽出许多夏梢，枝条数变多，不过枝条的生长并不好，枝条容易变硬。刚刚嫁接后新梢会变成直立枝，在直立枝的状态下枝条会变得壮实，从开始结果后侧枝就很难再下垂了，很难结出好的柑橘。

如果不摘心，夏梢长出后，春梢和夏梢上的新梢能长到 1 米。1 年生的嫁接木的枝条数很少，不过到了第 2 年，每根夏梢上都会抽出数根春梢，枝条数量就会增多，枝条也很难变成直立枝。所以第 1 年的春梢不要摘心，让枝条伸长，就很容易打造侧枝水平生长的树形。

如果不摘心，最大的缺点是枝条会长得很长，可能会因为强风导致嫁接部位错位。防范方法是使用支柱牵引枝条生长。台风来袭前一定要准备好支柱。降雨后土壤柔软，可以用主柱固定嫁接部位，夏梢发生时就要准备牵引。如果在准备牵引时台风来了，可以对过长的枝条进行回缩修剪。

◎ 有效的施肥方法

因为高接树的细根枯萎变少，一次施肥过多也吸收不了。高接当年的施肥量是前一年的 60%，第 2 年变为 80%。第 3 年之后开始真正结果，变为基准施肥量。

◎ 高接的第 2 年进行枝条牵引是最重要的

高接过后的一年，嫁接部分充分愈合。揭掉固定接穗和砧木的胶带。如果忘记揭掉胶带，当枝条膨大后，胶带就会勒进枝条内，造成枝条枯萎。

采用腹接法的树，比起接穗部，先修剪中间砧。要在切口处涂抹嫁接药剂，再覆盖保鲜膜，让其充分愈合。愈合不好可能导致接穗枯萎。

（1）需要牵引的树和不需要牵引的树　高接当年不要让嫁接错位，因此要立支柱向正上方牵引，不过第 2 年后就要将亚主枝、侧枝水平牵引（图 6-25）。

特别是树势变弱后枝条伸展较差的极早熟品种，如果不水平牵引直立枝就会变多。极早熟品种中也有岩崎温州蜜柑这类树势比较强的品种，不过其枝条生长好，即使第 1 年不牵引，也能自然水平生长，无须牵引。

青岛温州蜜柑、大津 4 号等树势旺盛、果实大的品种比较多。它们的侧枝不水平生长，果实品质就不会好。青岛温州蜜柑

图 6-25　高接树的牵引

中枝条生长很好的树，枝条也会自然水平生长，所以无须牵引。

不过大津4号的枝条坚硬，如果枝条伸长就会斜着立起来，所以必须牵引。

（2）**有效率的牵引方法**　直立枝少的果树用竹竿牵引也不费工夫，不过对像大津4号那样有很多必须要牵引的枝条的树，比起竹竿，还是用温室使用的PVC管搭架子，并将架子用PVC管横向固定，然后进行牵引更有效率。PVC管要打进土里固定，不然很容易被枝条带出来。

对弯曲困难的枝条，在枝条下部用锯稍微切一下木质部，划伤5~6处，然后可以将枝条扭在一起弯曲牵引。受伤后树势会变强，将枝条的一部分环剥，也能得到一样的状态，开花也会容易许多（图6-26）。

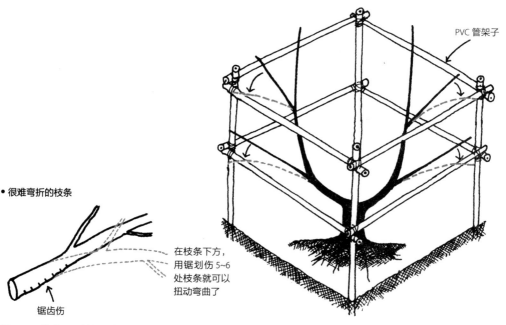

• 很难弯折的枝条

在枝条下方，用锯划伤5~6处枝条就可以扭动弯曲了

锯齿伤

PVC管架子

图6-26　搭建PVC管架子来牵引枝条

◎ 规范的结果管理从第5年开始

（1）**从第3年开始就能结出好的果实了**　高接的第2年无论如何也结不出好的果实。规范结果要从第3年开始。

可以收获果形扁平、果皮薄的优质果实。基本所有枝条上都有果实，所以结果量确实很多。即使树势恢复很多，因为叶子数量不多，所以让果树结果过多会导致树势变弱，之后的产量也会变少。

对向上生长的枝条、坐果数少的水平枝条上的果子要全部疏除。其他枝条可以让其群坐果。因为外观漂亮的果实很多，所以伤果要全部疏除。如果以只生产高品质的果实为目标进行疏果，就能维持树势。

高接的第 4 年，从果梗枝和疏果枝抽出 4~5 根春梢，所以新梢数显著增多。高接的第 4 年可以恢复到高接前的状态就很好了。前一年着花量多今年着花就少，不过恢复树势是主要的，规范的结果管理从第 5 年开始比较好。

（2）**维持树势的结果管理**　树势弱的品种，高接后扁平的果实经过数年会稍微变圆。这是由于树势变弱后生出许多短枝的原因。要尽早开始强化树势，不然一旦树势变弱恢复起来又要花费几年。

极早生温州蜜柑的收获期早，高接的第 3 年结果量多的树若接下来的一年开花也多，树势就很容易下降。若高接 3~4 年后树势还很弱，之后就很难恢复了，所以维持树势的管理十分重要。可以通过堆肥来改良土壤。过长的侧枝要进行回缩修剪，弱侧枝进行疏剪，就会抽出许多新梢。高接的第 4 年对新梢上的弱侧枝进行疏剪，如果新梢的生长状况不好就要多施肥。

青岛温州蜜柑、大津 4 号等，即使会从高接的第 3 年开始结果，树势也依然很强。枝条拥挤也不用进行修剪。比起修剪，牵引更能抑制过强的枝条，调节树势。第 5 年从坐果开始就要彻底进行疏果，努力防止隔年结果现象。在太过拥挤的地方进行轻微修剪。从第 6 年开始，以疏剪为主来调整树形。

第 7 章
主要病虫害防治

1 疮痂病——幼苗和幼树要注意

营养生长旺盛时，幼苗和幼树上的弱枝不知不觉就会伸长。

前一年的病斑如果顺利过冬，等到春雨来临，就会通过雨水传染给新叶，不断形成新的病斑并传染叶子和果实。春叶的病斑是果实的传染源，所以在新芽长到 3 毫米的 4 月中旬，要将二嗪农稀释 1000 倍喷洒在叶子上。一般要到 5 月中旬本病传染给果实，不过喷洒二嗪农对灰霉病和黑点病都能起到防治的作用。

2 运输、贮藏过程中的病害—— 在收获前 20 天进行防治

果实膨大期雨水过多或过于干旱时，或者收获前雨水过多都会让果皮脆弱，形成许多腐坏果。在树上时腐坏果就多的树，收获后的腐坏果也会多。

在收获前 20 天左右，可喷洒甲基硫菌灵 2000 倍液、苯菌灵 6000 倍液或双胍辛胺乙酸盐 1000~2000 倍液。长年使用同一种药剂，会让病原菌产生抗药性，即使喷洒了药剂也没有效果，这时可以改用其他药剂。

3 溃疡病——新叶长 3 厘米时是 防治的最佳时期

温州蜜柑抗溃疡病能力较强，不过幼树和高接更新树的夏梢上也会出现溃疡病。溃疡病的病原是细菌，所以传染性非常强，暴发时很难防治。

　　如果夏梢、秋梢的枝叶中的病斑顺利过冬，到了 3 月温度超过 15℃就会开始发病，雨水会让细菌传染更广。病斑越新细菌增殖能力越强，春梢、春叶被溃疡病病菌感染后就会变成传染源，传染给夏梢和夏叶。

　　细菌能通过新叶的气孔进入。新叶的长度为 3 厘米时是最容易感染的，这个时期也是最适合进行防治的。叶子展开时，细菌会从伤口进入感染，所以如果事先知道有强风，提前进行防治最有效果。如果突遇疾风，最好在风停后立刻防治。

　　将带有病斑的夏叶和枝条修剪掉，这种方法虽然原始但是十分有效。将有病斑的叶子去除时一定要连着叶柄，因为很多情况下叶柄也会有病斑。

4 柑橘红蜘蛛——要注意抗药性

　　柑橘红蜘蛛从卵发育到成虫只需要 15 天。据说在温度低时，10 天就能增加 2 倍，温度高时能增加 8~10 倍。红蜘蛛暴发次数多，繁殖能力强，稍有不注意叶子和果实就会被红蜘蛛残害而变白。并且红蜘蛛很容易产生抗药性，防治效果好的药剂比较少，所以暴发时的防治工作十分辛苦。

　　红蜘蛛在叶子和枝条上过冬，4 月温度回升后，就会慢慢开始出现。另外，在新叶变绿的 5 月下旬 ~7 月的夏季是红蜘蛛暴发的高峰期。之后梅雨期的雨水会让红蜘蛛暂时减少，等梅雨期结束后又开始出现。到了秋季，晴天持续的 8 月下旬 ~10 月也是红蜘蛛暴发的高峰期。

　　防治红蜘蛛，首先在冬季喷洒机油乳剂，可以让早春红蜘蛛的密度下降，也能有效抑制 5 月红蜘蛛的暴发。5 月下旬 ~6 月上旬防治红蜘蛛时，要喷洒高浓度的机油乳剂。但是，这样就无法使用防治黑点病的二嗪农了，所以这时就要选择到底是要防治黑点病还是使用高浓度的机油乳剂来防治红蜘蛛了。

　　秋季的红蜘蛛从 7 月下旬开始增多，8 月下旬 ~9 月上旬是防治时期。

　　红蜘蛛过多，使用一种药剂无法抑制其增加时，必须立刻施用其他药剂。防治次数越多，红蜘蛛的抗药性越强，有效果的药剂也会变得作用有限，难以压制其增长。防治红蜘蛛一定要把握初期进行防治，并且要喷洒大量药剂，这是很关键的。

5 介壳虫类——用机油乳剂防治

褐黄异角蚜小蜂和矢头蚧蚜小蜂等是矢尖蚧的天敌，如果天敌多一般能很好地压制矢尖蚧的暴发。在冬季喷洒机油乳剂，对杀灭矢头蚧成虫和减少成虫产卵很有效果，只是这样就能有效抑制其暴发。可以和防治红蜘蛛一起，在 6 月喷洒高浓度的机油乳剂。

如果无法喷洒机油乳剂，可以使用有机磷农药来进行防治。矢尖蚧越冬成虫的 1 岁幼虫的发生时期是在 2 月以后，可以根据温度累计值预测其发生时间，精准度很高，可以准确推测出防治适期，这样防治效果更好。

6 芒果茶黄蓟马

◎ 使用合成除虫菊酯类农药要注意红蜘蛛

芒果茶黄蓟马一般寄生在除了柏科以外的所有植物上。它可以在树皮的裂口处、芽和土壤中越冬，温度在 10℃以上，就可以在珊瑚树、茶树、冬青卫矛等植物的新梢上产卵。

罗汉松的新芽是芒果茶黄蓟马绝好的食物，所以罗汉松发芽时它会聚集暴发。在罗汉松的新梢开始坚硬后，它会在 6 月上旬转移到柑橘上，柑橘果实部分会出现环状伤痕。7 月罗汉松的夏梢抽出后又会转到罗汉松上，8 月下旬~9 月上旬再次回到柑橘上，给果实造成顶部放射状伤痕。

对于温州蜜柑，8 月下旬~9 月上旬的防治是最重要的，接下来是 6 月中下旬的防治。6 月中下旬芒果茶黄蓟马暴发时可以喷洒乙酰甲胺磷。乙酰甲胺磷的杀虫能力弱，但有能让芒果茶黄蓟马不愿意将卵产在树上的效果，所以在芒果茶黄蓟马少量出现时可以喷洒，也能防治黑点病。

合成除虫菊酯类农药的效果最好，持续时间也长，不过其中有很多会让红蜘蛛异常增多的药剂，所以在 8 月下旬~9 月上旬喷洒 1 次即可。

◎ 对罗汉松进行防治，危害会增加

芒果茶黄蓟马会在罗汉松新芽上聚集，很多人认为这时对罗汉松进行防治可以减少对柑橘的危害。但实际情况是，这样做反而会增加对柑橘的危害。

在罗汉松上，除了芒果茶黄蓟马之外还有完全不会危害柑橘的尖蓟马。如果尖蓟马多，芒果茶黄蓟马就会减少。而对罗汉松进行防治虽然可以暂时减少果实的受害，但是尖蓟马少了，而芒果茶黄蓟马会寄生在各种植物上，会有比防治前更多的芒果茶黄蓟马聚集在罗汉松上。这些在罗汉松上聚集的芒果茶黄蓟马最终都会转移到柑橘树上，所以会增加对果实的危害。

7　椿象——初期防治最为重要

椿象不是每年都要防治的害虫，它会徘徊在各种果树和其他树木之间，在果实着色期集中出现，对快要收获的果实造成伤害。因为它侵食刚开始着色的果实，所以早熟和极早熟品种在 8 月中旬，普通温州蜜柑在 9 月中旬会出现危害症状。椿象有召唤园外成虫的特性，对多数成虫进行防治后，又会有成虫接连不断地聚集过来，受损会不断扩大，所以初期防治是极为重要的。

8　柑橘潜叶蛾——成年树不用防治

成年树不需要防治柑橘潜叶蛾。但是，如果不对抽出夏梢的幼树或是高接树进行防治，一旦暴发，全部的叶子都会被吃掉。比起被柑橘潜叶蛾直接啃食，最恐怖的还是危害会导致溃疡病病菌进入植株。

抽出夏梢 10 天后，可喷洒合成除虫菊酯类农药，但这会让红蜘蛛增多，之后要使用高浓度的机油乳剂等有效药剂来抑制红蜘蛛危害。

除了合成除虫菊酯类农药以外，还有阻碍成虫蜕皮的灭幼脲，可以稀释 2000 倍使用。这种药剂不会让红蜘蛛增加，不过再次喷洒需要间隔 7 天。不管是用哪一种药剂都要在柑橘潜叶蛾出现初期进行防治。

9 利用快速喷雾机进行有效防治

◎ 适合柑橘园的快速喷雾机

柑橘叶柄变硬后，没有一定风量，药剂就难以进入树冠内部。但风也会吹散药剂，所以若从喷射管喷出来的雾太小，风一吹就没了。喷射管喷射的速度需要超过 60 升 / 分钟。另外，喷射管尽量小一些，这样在低处操作更便利。喷雾板可以左右调节，按树的大小自由调节喷雾板角度，这样操作起来更有效率。

现在使用的机械，药剂桶多是 500 升的容量，风量是 420 升 / 分钟，喷洒量是 85 升 / 分钟左右，可接 11 个喷射管，喷雾板角度可以调节。发动机的排气量为 1.49 升，车宽 1.28 米、车长 3.57 米、车高 1.55 米，有三轮型和四轮型。三轮型旋转空间更小，四轮型更像汽车（图 7-1）。

图 7-1　快速喷雾机

◎ 适当的喷洒量和行走速度

快速喷雾机可以将药剂喷进树冠内部，1000 米^2 的面积喷洒 250 升就很充足了。每 1000 米^2 的喷洒量可以根据行走时间和单位时间喷洒量计算。单位时间喷洒量多、行走速度快，喷洒时间就短，而且药剂会很难挂住。所以宁可单位时间喷洒量小、行走速度慢，这样药剂更易附着。

从经验来看，2 千米 / 小时的速度是合适的。虽然田地构造不同，不过以 2 千米 / 小时的速度行走，1000 米^2 所需时间为 5~6 分钟。单位时间喷洒量为 45 升 / 分钟，一共可以喷洒 225~270 升。根据树高和田地构造不同，可以安装上下喷射管上没有喷孔的喷雾板，卸下不要的喷射管，调整单位时间喷洒量，这样才能更好地利用药剂。柑橘园中，这个喷洒量足以应付除了红蜘蛛以外的其他害虫。只有防治红蜘蛛时需要来回喷洒，喷洒量是这个方法的 2 倍。

◎ 在难以挂住药剂的地方喷洒的方法

药剂难以挂住的地方一般在田地顶端的拐弯处。向左拐时，机械右侧的树很难挂住药剂，此时可以降低速度慢慢拐弯，这样如果病虫害密度不高就不用补充喷洒了。只有防治红蜘蛛时需要补充喷洒，用机械中可移动的喷射管手动喷洒。

在树龄小时，可以两排同时喷洒，不过当树枝拥挤后就只能一排一排地喷洒，如果不从树的两侧喷洒很难达到防治的效果。将作业道的防风树 1 米以下的树枝修剪掉，这样药剂能很好地喷上。

◎ 设置便利的供水槽

药剂罐容量一般为 500 升，1000 米^2 用量为 250 升，所以 1 罐可以喷洒 2000 米^2，药剂调配时准备 600 升的供水槽满足喷洒 2000 米^2 所需最为有效。在高处设置贮水罐，与供水槽用水管连接，使用后自动补水。

机器带有 250 升 / 分钟的给水泵，调配药剂大约需要 2 分钟。

水和剂一般先在 10 升的水中溶解，然后可以在给水时充分混合。乳化剂则要按需要量在给水时混合。